物理学は、本当はこんなに面白い！

やりなおし 高校の物理

野田　学［著］

ナツメ社

■ **はじめに** ■

　私が敬愛する恩師，山田卓(やまだたかし)先生が，2004年の3月に亡くなられました。先生は星や宇宙の話をするのが大好きな方でした。そのお話は，星や宇宙に関する知識のみにとどまらず，星を見上げたり宇宙を知ったりすることと人間との関係，人が生きることの価値や，死ぬことの意味までに及ぶものでした。生前，山田先生は次のようにおっしゃられました。

　「科学のめざましい進歩が，人類の世界観をすっかり変えようとしています。それは，科学によって宇宙が有限となり，人の命がソフトあってのハードだと理解でき，人の心が細胞やそれに関連する分子の相互作用で理解できそうだと予感できる時代になったことと，決して無関係ではありません。

　私たちは，100億年か，あるいは150億年前に生まれたというビッグバン宇宙を受け入れました。有限になった宇宙が，ひょっとすると自分の位置を納得させてくれそうだと感じ，心の中の宇宙の果てを，神に代わって，科学に委ねてもいいと考えられるようになったのです。一人一人が具体的に意識しているわけではありませんが，心豊かな人生と，安心して死ねる自分の宇宙観の確立に役立ちそうだと，現代の人間は，それを感じ始めているのではないでしょうか。」

（日本プラネタリウム協会会誌Twilight,1997年10月号より）

　21世紀になり，技術はますます発達し，生活も便利になっていきますが，私たちはなかなか心豊かに生きることができていないようです。依然としてテロや戦争が世界のどこかで起こっています。身近にもちょっとした考え方の違いからか，争いごとが絶えません。人が理解し合うためには，考え方の

共通の基盤，共通の言語が必要なのではないでしょうか。自分がよりどころとするもの（例えば信ずる神）が違っており，互いに「自分の神様が一番」と信じていれば，理解し合い相手を尊重することは容易ではないでしょう。

　私は，だれもが理解できる共通の基盤が，科学的な考え方であり物理的なものの見方であると思います。それは論理的な思考法と言い換えてもよいかもしれません。それは「信ずる」ものではなく，観測事実から論理的に積み上げていくものだからです。信条，立場の違いからテロはやみませんが，対立する者どうしが使う武器の動作原理は共通です。この皮肉な現実が，科学や物理の汎用性，共通性を物語っています。ならば，共通理解のために，科学や物理的な考え方を利用できないかと思うのです。

　そんな科学的なものの見方，論理的な考え方を身につけるには，最先端の科学は，あまりに専門的すぎます。高校で学習する程度の基礎的な物理がちょうどよいのです。そして物理のおもしろさのエッセンスも，実は高校の物理にあります。高校時代に物理でつまらない思いをした人もおられると思いますが，もともと物理学は自然現象の「なぜ」に答えるために始まった学問です。つまらないわけがありません。高校ではアプローチの仕方が悪かったのです。

　さあ，一緒に高校の物理をもう一度やり直しましょう。何かを覚えたり，知識を頭に詰め込んだりする必要はありません。そんなときは，本書の該当するページを開けば事足りるはずです。ですから，安心して知識は捨ててください。そういう「お勉強」は，大学受験でおしまいです。そうではなく，先人たちの推論の確かさに舌を巻き，ひらめきのすばらしさに感嘆し，それを論理的に積み上げていくねばり強さに意識を向けてください。そうすると，物理の本質が見えてくるはずです。

2004年12月吉日　野田　学

本書の見方

本書の構成

　本書は全6章の構成になっています（各章で扱う内容については，次ページから具体的に説明します）。

　各章のはじめには「ようこそ物理室へ」というコーナーがあります。ここでは本論に入る前のウォーミングアップとして，各章についての予備知識が得られますので，ぜひのぞいてみてください。

　「ようこそ物理室へ」で準備を整えたら，具体的な学習内容が述べられている各節へと読み進んでいってください。本文では，イラストや図版，具体例が豊富に盛り込まれていますので，読み物として楽しみながら物理学の知識を吸収できるようになっています。

　各章末の「復習問題」では，その章で学んだ内容が確認できるように，簡単な問題を出題しています。どこまで理解できたかの目安として挑戦してみてください。参照ページを示してあるので，解答を見ても分からなかった場合は，もう一度本文に立ち返ってみるとよいでしょう。

本書をさらに活用していただくために

▽**豊富な図版類**：本書は，ほぼすべてのページに図やイラストを入れたビジュアルな構成になっています。わかりにくい事柄も，図を見れば簡単に理解できるように工夫してあります。また，図の中でさらに解説を補っているものもあり，よりわかりやすくなっています。

▽**コラム**：本書のところどころに出てきます。本文の内容からさらに一歩踏み込んで，物理にまつわる興味深い話を取り上げました。「雑学」としていろいろな場で披露できるかも……？

▽**参照ページ**：より詳しく説明しているページを示しています。ぜひ，参照してみてください。
▽**重要語**：本文中で重要な語句やポイントとなる文は，色文字や太字にしてあります。記憶にとどめながら読んでいくとよいでしょう。
▽**物理量**：本文中に出てくる量を表す単位や記号について，巻末p.219〜220にまとめてあります。単位や記号がわからないときは，参照してください。

イントロダクション

「**第1章　物理学はどこにでも**」では，数式や法則ばかりをつめこむことが物理の本質ではなく，物理とは，現象のプロセスを追うことによってその面白さが見えてくるのだということをお話しします。物理があまり好きではない人にも，物理の本当の学び方というものを簡単にお話ししたいと思います。

力と運動

「**第2章　月も人工衛星も落ち続けている**」では，運動とは何かを考え，力学の基礎を取り上げます。ケプラー，ガリレオ，ニュートンらが登場する，17世紀に確立された古典力学の世界です。物理学を学ぶうえで，一つのハイライトでもある運動方程式や力の表し方を取り上げ，運動の前後で保存されるものについても考えます。

エネルギーと熱

「**第3章　無から動力を生み出すことはできない**」では，まず「仕事」を定義し，仕事とエネルギーが等価であることを説明します。さらに「熱」や「温度」の物理的本質を探り，熱もまたエネルギーであることを示します。エネルギー保存則から気体の分子運動論，熱力学の第1，第2法則と多岐にわたった内容を取り上げます。

音と光

「第4章　救急車のサイレンはどうして音が変わる？」では，音と光に代表される波動現象を取り上げます。まず最初に波の性質を調べ，重ね合わせの原理や，ホイヘンスの原理，波特有の現象である干渉や回折について説明します。日常生活でなじみの深い音や光についても，それぞれ1節ずつを当てて，速度やドップラー効果などについて解説します。

電気と磁気

「第5章　電気ってどうしてモーターを回せるの？」では，19世紀に確立された電磁気学の基礎を取り上げます。静電気ではクーロンの法則を取り上げ，電場や電気力線の概念を導入します。電子の流れとしての電気回路では，オームの法則とキルヒホッフの法則は欠かせません。さらに電磁誘導まで発展させ，ふだん何気なく使っている電気の「発電のしくみ」についても説明します。

原子の構造

「第6章　不思議なミクロの世界の物理法則を知ろう」では，20世紀の物理学の一つである量子力学を取り上げ，ミクロの世界の粒子性と波動性の二重性について考えます。また物質をどんどん細かくしていき，分子―原子―原子核と究極の粒子を探していきます。ただ残念ながら，あまり深入りすると高校物理の範囲を超えてしまいますので，基礎の部分をしっかり見ていくことになります。

　自然現象を，これは物理で，あれは化学と分野わけすることは，人が作意的に行うことです。自然の中にあることではありません。ましてや「ここまでが高校物理の範囲」と限ることは，大学受験では意味があるにしても，一般的にはナンセンスなことです。従って，一応は高校物理の教科書を念頭に置いてはいますが，物理的な考え方の流れや論理展開を重視して題材を取捨選択しています。高校の物理の範囲外のことも，必要と思ったところでは取り上げています。

はじめに …………………………… 1
本書の見方 ………………………… 3
目　次 ……………………………… 6

第1章　物理学はどこにでも
物理学への招待

ようこそ物理室へ　物理学は特別な学問ではありません ……… 10
第1節　物理学の学び方 ………………………………………… 12
第2節　やりなおしは素晴らしい ……………………………… 15
第3節　物理学はどこにでも …………………………………… 16

第2章　月も人工衛星も落ち続けている
力と運動への招待

ようこそ物理室へ　惑星は運動している …………………… 18
第1節　運動って何!? …………………………………………… 22
第2節　わずか3つの法則で 世界が回る 宇宙が駆ける ……… 36
第3節　リンゴも月も落ちている ……………………………… 44
第4節　力はどうやって表すの？ ……………………………… 52
第5節　スポーツ上達の極意 …………………………………… 55
　　　　復習問題 …………………………………………………… 62
　Column　コリオリ力 ………………………………………… 34
　　　　　　　ダークマター（暗黒物質） ………………………… 50
　　　　　　　スイングバイ（フライバイ）航法 ………………… 60

エネルギーと熱への招待
第3章　無から動力を生み出すことはできない

- **ようこそ物理室へ**　仕事よりもパワーだ!! ………………………… 64
- 第1節　エネルギーが保存される？ ……………………………… 68
- 第2節　エネルギーただいま領土拡大中 ………………………… 76
- 第3節　エネルギーはなくならない ……………………………… 84
- 　　　　復習問題 ………………………………………………… 102
- **Column**　エントロピー ……………………………………… 100

音と光への招待
第4章　救急車のサイレンはどうして音が変わる？

- **ようこそ物理室へ**　ゆらり揺られてどこへ行く ………………… 104
- 第1節　山を越え　谷を越え ……………………………………… 106
- 第2節　音色は波の重なり方次第 ………………………………… 114
- 第3節　光の色も波まかせ ………………………………………… 123
- 　　　　復習問題 ………………………………………………… 140
- **Column**　レーマーの光速の測定 …………………………… 127
- 　　　　　　フーコーの光速の測定 …………………………… 128
- 　　　　　　虹の7色の順番は？ ……………………………… 131
- 　　　　　　赤方偏移とビッグバン宇宙 ……………………… 137

電気と磁気への招待
第5章　電気ってどうしてモーターを回せるの？

　ようこそ物理室へ　パシッとくる静電気の正体は？ ……………………… 142
　第1節　静電誘導とクーロンの法則 ……………………… 147
　第2節　流れは絶えずして，しかももとの電子にあらず ……… 161
　第3節　電流が力を呼び，力が電流をつくる ……………… 172
　　　　　復習問題 ……………………………………… 186
　Column　地磁気 ……………………………………… 175
　　　　　　送電を簡単かつ効率よく ……………………… 185

原子の構造への招待
第6章　不思議なミクロの世界の物理法則を知ろう

　ようこそ物理室へ　ミクロの世界は二重人格 ………………… 188
　第1節　電子の発見と不思議な性質（？） ………………… 189
　第2節　究極の粒子はどこにある？ ……………………… 199
　　　　　復習問題 ……………………………………… 214
　Column　フラクタル ………………………………… 210

キーワードさくいん ……………………………………… 213
人名さくいん …………………………………………… 218
本書で使用している物理量と単位 ………………………… 219
本書で使用している物理定数 ……………………………… 220
復習問題の解答例 ………………………………………… 221
参考文献 ………………………………………………… 223

物理学への招待

第1章 物理学はどこにでも

ようこそ物理室へ
物理学は特別な学問ではありません

　物理学は古代ギリシアの自然哲学に端を発する学問で，自然現象を体系的に理解しようとする営みです。自然を観察すると，一定のリズムとかパターンに気がつきます。太陽は一日で空を一周し，春のあとには間違いなく夏がやってきて，四季がめぐっていきます。月は満ち欠けを繰り返し，満月は一晩中夜空にあります。なぜでしょうか？　一見してそれとわかるリズムから，データを集め分析的なアプローチによって，はじめて発見できるパターンもあります。このようなリズムとかパターンが物理法則であり，「なぜそうなるのか？」を考えるのが物理学です。誰でもが感じる素朴な疑問から物理学は始まっています。

地球が太陽のまわりを回り月が地球のまわりを回る。これも物理の法則です。

そして，その手法は，

　　実験・観察 ⟶ 仮説 ⟶ 結果の予測
　⟶ 仮説の検証（実験・観察）⟶ 新たな仮説
　⟶ 結果の予測 ⟶ その検証 ⟶ ……

の繰り返しです。これも特別な方法のように見えますが，日常私たちがやっていることです。例えば，好きな人ができれば，じっくり観察をしますよね（というか目を奪われるのですが）。少しでもこちらを気にしているようなそぶりが見えようものなら，「ひょっとしたら自分を好きなのではないか」，大胆な仮説が浮かび上がります。自分だけでは不安なので友人に話し，検証してもらいます。「これはいけそうだ」ということになれば，誕生日プレゼントを買って，彼女の行動を予測します。予測通り，「ありがとう，とてもうれしいわ」という言葉が返ってきたら，しめたものです。さらに仮説は補強され，ついに仮説の最後の検証として告白に至るわけです。

　いやな上司と仕事をするときも，しっかりと観察をして顔色をうかがい，機嫌がよいか悪いか仮説を立てます。その仮説にもとづいて，昨日の失敗を今話すべきか否か，話すとなればどのように切り出そうか…。誰でもが似たような経験は，あるのではないでしょうか。ですから物理学は特別な学問であったり，科学者だけが特別な考え方をしているわけではないのです。

仮説…彼女も私を好きであろう
　　↓
予測…プレゼントを受け取ってくれるだろう
　　↓
検証…プレゼントを渡そう

物理学の学び方

　私のまわりの大人でも，物理が好きという人は残念ながら多くありません。一方で，理科が好きと答える小学生は少なくありません。中学，高校で理科や物理がおもしろくなくなり，好きではなくなっていくようです。法則や数式を並べて，それをおぼえるだけの授業は，おもしろくなくて当然です。しかし，それは物理の本質とはなんら無関係です。物理的な考え方で論理的に積み上げていくことは，本来とてもおもしろいことなのです。

　それにしても，あのつまらない高校物理をもう一度とは……と思っている人もおられるかもしれません。確かに法則や定説をおぼえ，決まりきったやり方で解いて，ハイ勉強ができました，ではつまらないはずです。こんなやり方なら物理に限らずどんな学問だっておもしろくなるはずがありません。物理がつまらないのではなく，勉強の仕方がつまらなかったのです。

第1節 物理学の学び方

　本書では，公式や定理をおぼえることに力点を置いていません。知識が必要ならそのページをまた見ればよいのです。それに本当に必要なことは繰り返し出てきますから，おぼえようとしなくても自然とおぼえます。

　物理の本質は，論理的にものを考える力です。「どのような考え方をしてこのような法則を思いついたのか」「この法則からどのような仮定をすると，実際の自然現象が説明できるようになるのか」というプロセスを追っていくと，論理的な積み上げが理解できるようになり，物理がだんだん楽しくなってくるはずです。

　そんなプロセスを追うために数式が出てきます。数式や数学を，それだけで毛嫌いしないで下さい。数式は物理をわかりやすくするための道具，共通言語のようなものです。言葉で説明するよりも，短くスッキリ説明できるから使うだけです。ですから，数式で物理が嫌いになることは本末転倒ですので，言葉の説明のみで現象が理解できるなら，数式はとばしてもらっても結構です。

物理は，プロセスを追うごとにおもしろくなる！！

第1章　物理学はどこにでも

　しかし，類書よりも数式が多いのが本書の特徴でもあります。それは，式の変形を詳しく追っているからです。簡単そうに見せるため，数行にもわたる式変形をとばして，余計に難しくしてしまうことがときどき見受けられることを反省し，本書では数式の意味の説明と，その変形にかなり紙面を割いたつもりです。そのプロセスを可能な限り追っていただけたらと思います。

　また，もう一歩進んで，数式を使って物理現象が解けると，何だかうれしくなり，なるほどと納得した気分になってしまうのが不思議なところです。私も学生時代，その繰り返しで物理がおもしろくなりました。

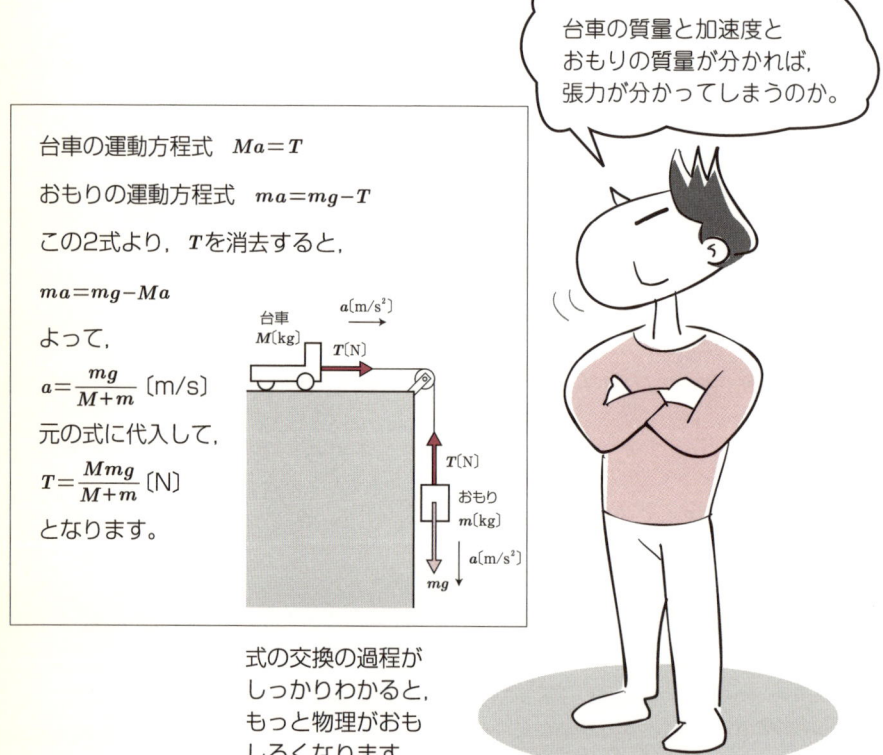

台車の質量と加速度とおもりの質量が分かれば，張力が分かってしまうのか。

台車の運動方程式　$Ma=T$

おもりの運動方程式　$ma=mg-T$

この2式より，Tを消去すると，

$ma=mg-Ma$

よって，

$a=\dfrac{mg}{M+m}$〔m/s〕

元の式に代入して，

$T=\dfrac{Mmg}{M+m}$〔N〕

となります。

式の交換の過程がしっかりわかると，もっと物理がおもしろくなります。

2 やりなおしは素晴らしい

　一度経験したことを，もう一度振り返ることには，予想以上の収穫があります。その渦中にいるときは，次の展開がわからず，誰だって目の前のことに必死になってしまい，余裕なくその経験を終えてしまいます。全体の脈絡(みゃくらく)を失って「なぜこんなことをしなければならないのか」「全然わからなくてつまらない」となってしまいがちです。

　私は大学生のときに受験生の数学の家庭教師をしましたが，受験生時代よりよくわかる自分にびっくりした経験があります。もう一度余裕をもった立場でやりなおしたことによって，当時はバラバラだった知識の結びつきがよくわかるようになり，「今受験したらもっとよい点が取れたろうに」と思えるくらいでした。なんであれ，物事を理解する上で，全体系を（おぼろげながらでもよいので）把握した上で，もう一度チャレンジすることはとても効果的だと思います。やりなおしは意外な効果を発揮してくれるはずです。

余裕をもった立場で，もう1度振り返ってみると，以前にもまして理解できると思います。

なるほど，そういうことだったのか。

 物理学はどこにでも

　好むと好まざるとに関わらず，物理学は日常生活の中に入ってきています。テレビやパソコン，携帯電話の動作原理はご存じですか？　電気の力で羽根を回すだけの扇風機にすら物理学が応用されています。それを単なるブラックボックスとして使い続けるのも結構ですが，ちょっと物理を理解して原理を知るだけで，そんな道具がより身近に，興味を引く対象になってきます。

　そして物理の法則には普遍性があります。100億光年かなたの宇宙空間で起こっている物理現象は，条件を一致させることができれば，私の机の上でも起こすことができます。ここで物理的に正しいことは，どこででも物理的に正しく，応用が効きます。つまり，どこで実験をしても同じ結果を得られるのが物理学ですから，できる限りご自分の手を動かして実験や経験をすることもお勧めします。実験事実や観測事実は，理解しがたい結果が出たときに，それを受け入れる大いなる助けになります。また，実際に実験できない場合でも，その情景をありありと思い浮かべてみて下さい。そうして頭の中で実験することを「思考実験」といいます。宇宙空間での物体の動きなど，そう簡単には実際に実験できない場合や，摩擦がない場合などの理想的な状態をイメージするには大変有効な方法です。

条件さえ合わせれば，物理によって机の上に宇宙空間をつくり出せます。

— 力と運動への招待

月も人工衛星も落ち続けている

第2章

ようこそ物理室へ
惑星は運動している

　太陽と月が重なり，月が太陽を隠す瞬間に見えるダイヤモンドリングや，皆既日食中に姿を現す太陽のコロナは，1度は見てみたいと思われる方も多いでしょう。日食や月食は限られた場所や時間でしか見られない現象です。そのため，何の予備知識もなく，いきなり太陽や月が隠される様子を見た昔の人々はさぞかし驚いたことでしょう。しかし，私たちは今や，いつどこで日食や月食が起こるか数百年先までわかっています。力学によって太陽や月，惑星などの太陽系天体の動きを正確に予測できるからこそ，あらかじめ準備をしてその天体現象を楽しみに待つことができるのです。

皆既日食の連続写真

太陽の前を月が通過すると日食になります。これは5分間隔の多重露出で，日食は左上から右下へと進行していきました。1999年8月11日，トルコ・シワスにて。

皆既日食中のコロナ

トルコでの皆既日食時の拡大写真。月によって太陽の光球が全部隠されると，普段は見ることができないコロナがまわりに見えてきます。

■ 天動説と地動説 ■

　昔の人々は，星空の中で特別な動きをする星の存在に気がつき，そのような不規則な動きをする星を惑星と呼びました。人々は，神の世界である完璧な天上界で行われている，惑星たちの見かけの不規則な運動に，どのような秩序・法則があるのだろうかと考えました。そして数千年の間，太陽も惑星も，すべての星が地球を中心とする円運動をしている(天動説)と信じてきました。

　しかし，16世紀中ごろ，コペルニクスは，地球も惑星も太陽を中心とする円運動をしている(地動説)と考えれば，惑星の観測結果を天動説より簡単に説明できることに気がつきました。天動説から地動説のように，ものの考え方が今までと正反対に変わることを"コペルニクス的転回"といいますが，それほど革命的なことだったのです。しかし，コペルニクスの地動説でも観測結果とはくい違いが残っており，完全な理論とはほど遠いものでした。

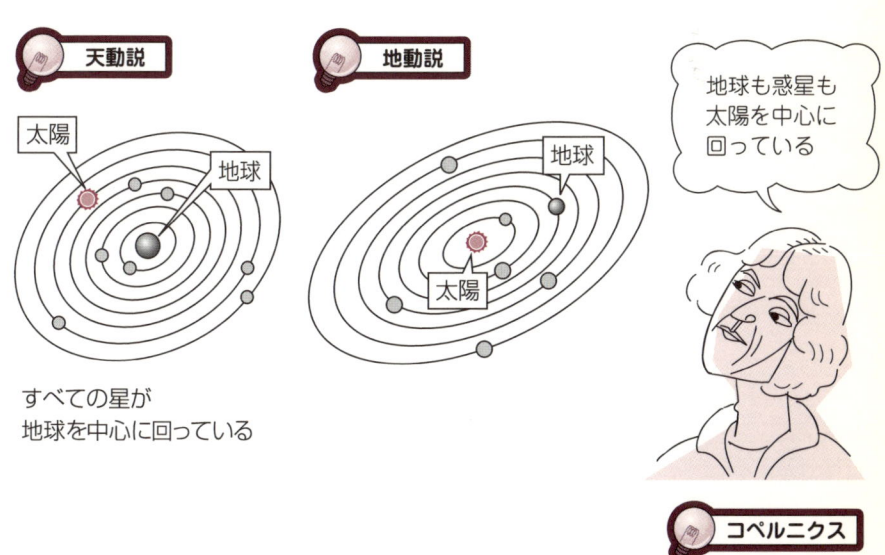

■ケプラーの法則■

17世紀前半，**ケプラー**は膨大な惑星の観測記録をもとに，惑星の運動を説明する理論をつくりあげようとします。ポイントは**円運動**でした。当時の人々にとって，天体は神々の住むところであり，神にふさわしいのは，完全で神聖な円でした。コペルニクスも円運動の制約にとらわれていました。しかし，ケプラーは火星の観測結果をもとに，**惑星の軌道が円ではなく，だ円（長円）であること**を発見します。円からだ円，小さなことのようですが，既成概念にとらわれず，ありのままの観測事実を受け入れる貴重な一歩です。

ケプラーはラッキーでした。火星は，当時知られていた惑星の中で，いちばん円から離れた軌道をとっていたからです。木星などを調べていたら，だ円軌道を発見することはできなかったでしょう。ケプラーは次のページの3つの法則をまとめました。

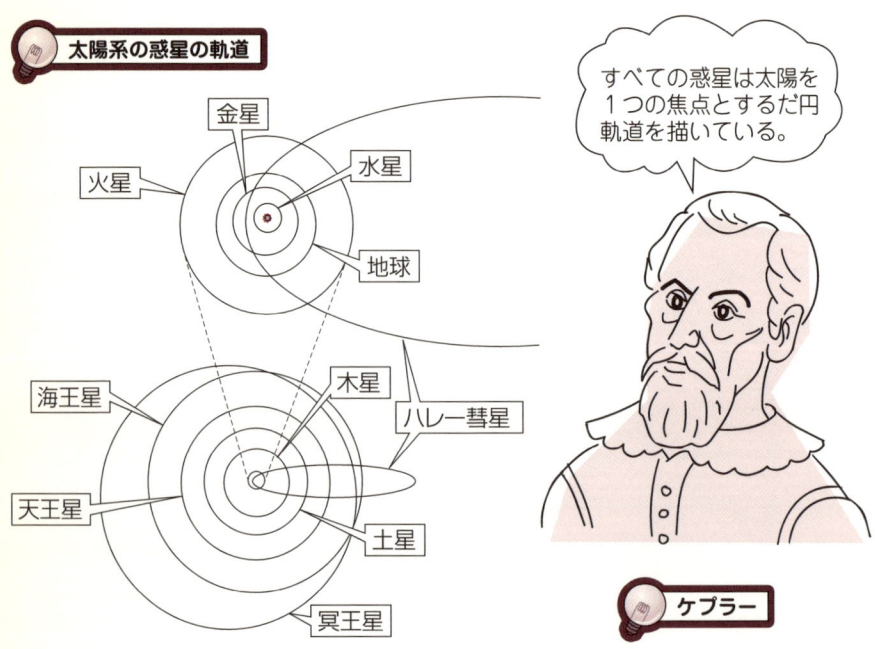

太陽系の惑星の軌道

すべての惑星は太陽を1つの焦点とするだ円軌道を描いている。

ケプラー

ようこそ物理室へ　惑星は運動している

> **ケプラーの法則**
> 第1法則：惑星は太陽を一方の焦点とするだ円軌道を描く
> 第2法則：太陽と惑星を結ぶ線分が同じ時間に描く面積は一定である
> 第3法則：惑星の公転周期の2乗は，だ円の長半径の3乗に比例する

第3法則は，公転周期を T，だ円の長半径を a，比例定数を k とすると，

$$T^2 = ka^3 \tag{1}$$

と表すことができます。

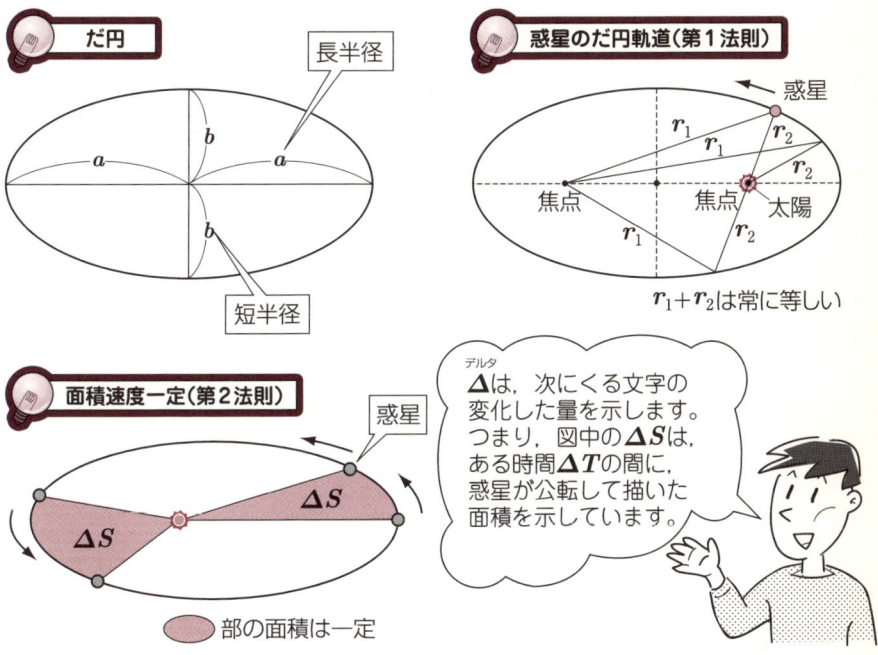

　ケプラーの法則は惑星の観測結果を見事に説明しました。しかし，ケプラーは，これらの法則にどういう意味があり，なぜ成り立つのかを理解できませんでした。ケプラーの法則の意味を説明するのは，ニュートンに残された仕事となります。

物体の運動
1 運動って何！？

 速度と等速度運動

　運動の法則を理解する前段階として，"運動とは何か"を物理的に考えてみましょう。

　動いている物体は，時間とともに位置を変えます。速く動くものほど，より遠くへいくので，移動距離（記号は s），速さ（記号は v），かかった時間（記号は t）の関係は，

$$v = \frac{s}{t} \tag{2}$$

となります。

　速さ v は，移動距離 s をかかった時間 t で割るので，単位時間あたりの移動距離を意味しています。単位は m／s（メートル毎秒）です。乗り物などの速さを表すときは，時速または km／h（キロメートル毎時）がよく使われますが，1時間は3600秒，100kmは100,000mなので，100km／hは

　　100〔km／h〕÷3600〔s〕＝27.8〔m／s〕

と換算することもできます。つまり，時速100kmで走る車は，1秒間に約30m走っているのです。

　しかし，同じ速さで動いていても，進む方向が異なっていると，移動場所も異なってきます。したがって，運動を表すときは，速さだけではなく方向も大切になってくるのです。そこで，**方向を含んだ速さとして，速度**を考えます。

では，等速度運動を考えてみましょう。(2)式を変形すると，

$$s = vt \tag{3}$$

となりますので，等速度で $v=$ 一定 ならば，距離は時間に比例します。よって，縦軸を s，横軸を t とおいた s–t グラフでは，等速度運動は右上がりの直線になり，その傾きが速さを示します。また，縦軸を v，横軸を t とおいた v–t グラフでは，その面積が移動距離を示します。

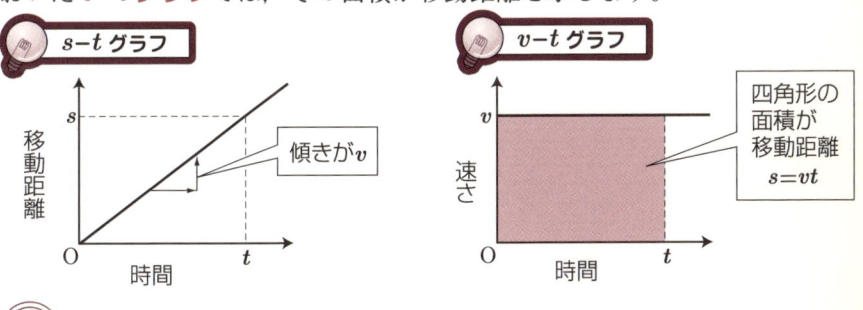

加速度と等加速度運動

止まっている状態から徐々に速度が上がり，時間とともに速度が変化する運動を**加速度運動**といいます。加速度（記号は a）は速度の時間変化を表すので，加速度 a は，最初の速度を v_0，t 秒後の速度を v とすると，

$$a = \frac{v - v_0}{t} \tag{4}$$

と表され，単位は m/s²(メートル毎秒毎秒)を用います。

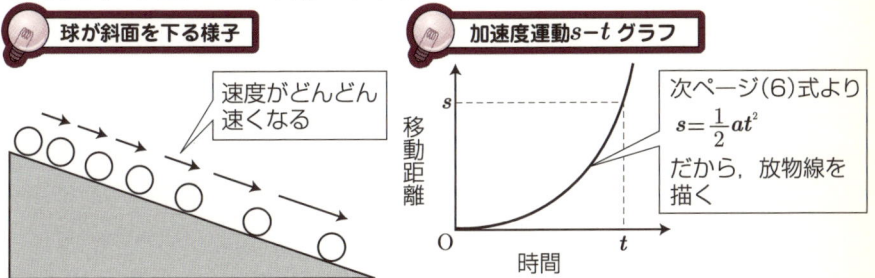

第2章 月も人工衛星も落ち続けている

では，静止の状態から出発して直線上を一様に加速する**等加速度直線運動**を考えてみましょう。

最初の速度（初速度）は0なので，(4)式に $v_0 = 0$ を代入して，整理すると，

$$v = at \qquad (5)$$

となります。

これは，時間と速度が比例していることを表しているので，等加速度直線運動の $v-t$ グラフは，原点を通る直線となり，直線の傾きが加速度となります。

また，移動距離は $v-t$ グラフの面積から求めることができます。このとき，移動距離は三角形の面積の計算から求められ，

$$s = \frac{1}{2} t \times at = \frac{1}{2} at^2 \qquad (6)$$

となります。

次に，初速度が0でない等加速度直線運動の場合を考えてみましょう。

(4)式を次のように変形します。

$$v = v_0 + at \qquad (7)$$

また，移動距離は初速度 v_0 で時間 t の間に進んだ移動距離を加えればよいので，

$$s = v_0 t + \frac{1}{2} at^2 \qquad (8)$$

となります。

等加速度直線運動 $v-t$ グラフ

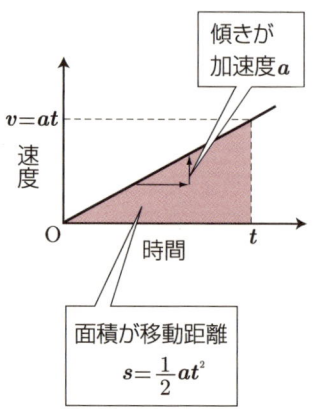
初速度0のとき

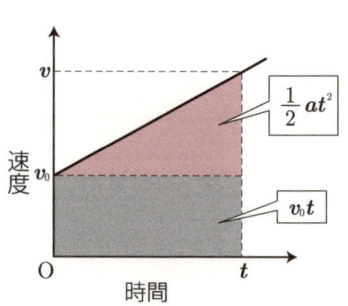
初速度が0以外のとき

自由落下の速度と移動距離

地球上の物体は、地球の重力によって下向きに引かれているので、支えを失うと落下します。重力に引かれる落下運動のことを **自由落下運動** といい、自由落下する物体の加速度は、物体の質量に関係なく 9.8m/s^2 で一定です。これを **重力加速度** といい、記号 g で表します。

自由落下運動は、加速度 $a = g$、初速度 $v_0 = 0$ の等加速度直線運動なので、下向きを正として、落下距離を s とすると（空気の抵抗は考えない）、

$$v = gt \tag{9}$$

$$s = \frac{1}{2}gt^2 \tag{10}$$

と表すことができます。

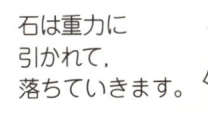

例えば、暗い井戸に石を落としたとき、2秒後にぽちゃんと石が水面に当たる音がしたとします。このとき、この井戸の深さはいくらでしょうか。(10)式に当てはめて計算すると

$$s = \frac{1}{2}gt^2 = \frac{1}{2} \times 9.8 \times 2^2 = 19.6 \,\text{(m)}$$

と求めることができます。

また、高いがけの上から石を落とし、4秒後に海面に波が立ったとします。このとき、このがけの高さは、

$$s = \frac{1}{2}gt^2 = \frac{1}{2} \times 9.8 \times 4^2 = 78.4 \,\text{(m)}$$

となります。

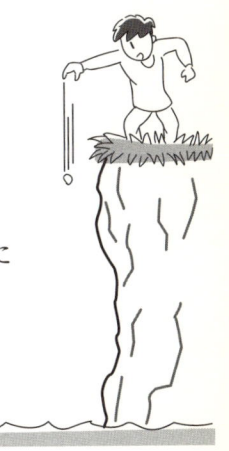

第2章　月も人工衛星も落ち続けている

　石を落とすだけで井戸の深さやがけの高さがわかってしまうなんて，結構便利だとは思いませんか。

　月面上では，自由落下の加速度，つまり重力加速度は地球上のほぼ6分の1ですから，地球上と比べるとずいぶんゆっくり落下することになります。

　1969年，アメリカは宇宙船アポロ11号で，宇宙飛行士を初めて月面に送りました。宇宙飛行士が，月面上をゆっくりとジャンプしながら移動するさまは，重力加速度の小ささを私たちに実感させてくれました。また，宇宙飛行士は月面上でビデオカメラを前にして，金属球と羽毛を同時に落下させました。金属球と羽毛が全く同時に月面に到達する様子は，空気の抵抗のないところでは，物体の質量に関係なく重力加速度が一定であることをわかりやすく示してくれました。

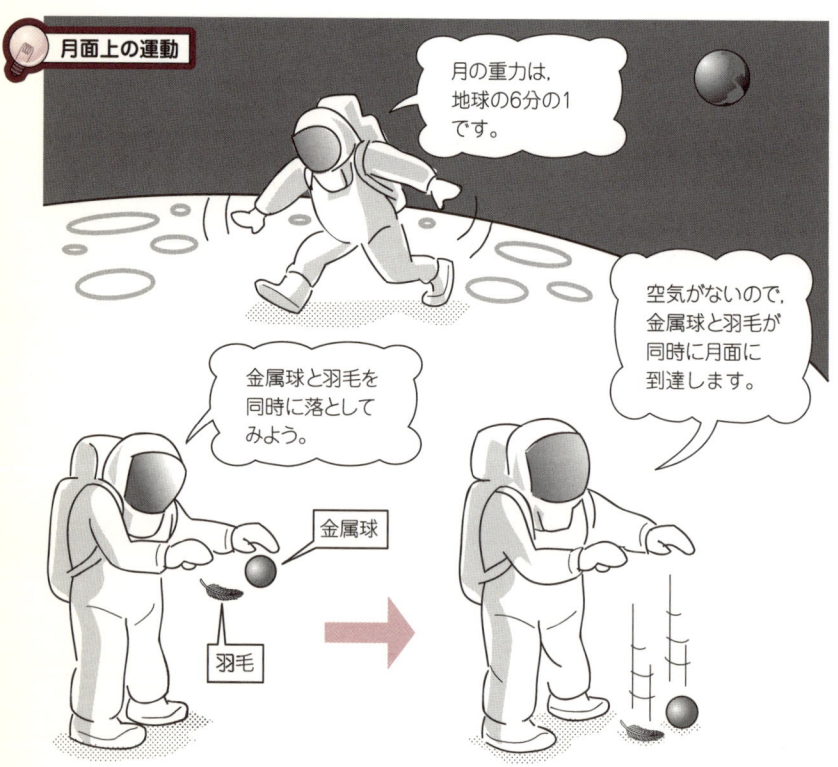

月面上の運動

放物運動

では，物体を水平に投げ出すとどのような運動をすることになるのでしょうか。2つの球を，同時に，1つは静かに落とし(自由落下)，もう1つは水平に投げ出します。このとき，どちらの球が先に床に落ちるのでしょうか。

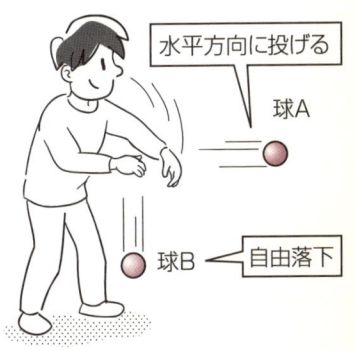

答えは"同時"です。図で，球A(水平投げ)の運動を鉛直(重力)方向と水平方向に分けて考えます。球Aと球B(自由落下)のそれぞれについて，鉛直方向の時間ごとの落下距離は同じになっていることがわかるでしょうか。水平投げのとき，球Aにはたらく力は鉛直方向の重力だけです。つまり，鉛直方向の運動だけを考えれば，自由落下と同じ運動になるので，時刻 t〔s〕における落下距離 h〔m〕は，

$$h = \frac{1}{2}gt^2 \qquad (11)$$

となります。

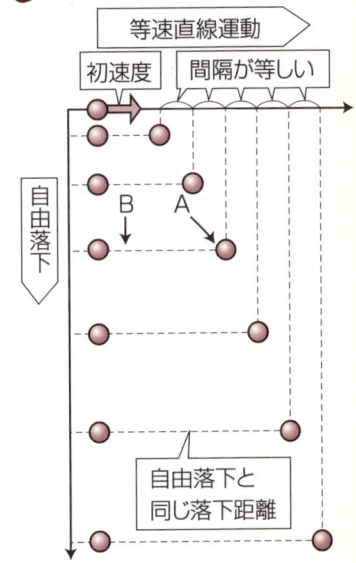

水平投げの水平方向の運動は，一定時間に進む距離が等しくなっており，等速直線運動になっています(投げ出すとき以外，水平方向には力ははたらいていません)。よって，時刻 t〔s〕における水平到達距離 x〔m〕は，

$$x = v_0 t \qquad (12)$$

となります。

例えば、高さ44.1mのがけの上から小石を水平方向に10m/sの初速度で投げ出したとすると、小石が海面に到達するのは何秒後になるでしょうか。

(11)式を変形すると、

$$t = \sqrt{\frac{2h}{g}} \qquad (13)$$

となるので、

$$t = \sqrt{\frac{2h}{g}} = \sqrt{\frac{2 \times 44.1}{9.8}} = \sqrt{9} = 3 〔s〕$$

となり、3秒後に小石が海面に到達することがわかります。では、このとき、水平方向の到達距離はどのくらいでしょうか。

(12)式にあてはめて計算すると、

$$x = v_0 t = 10 \times 3 = 30 〔m〕$$

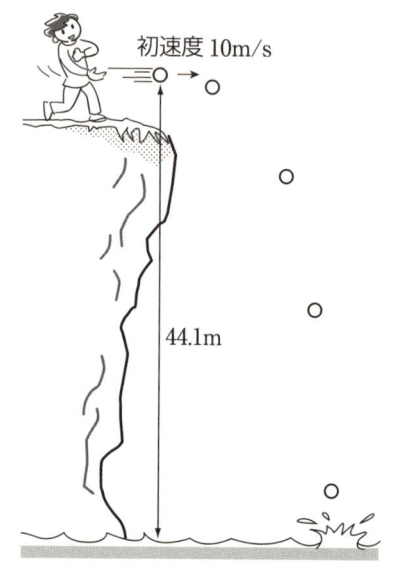

となり、30m前方の地点に落下したことがわかります。

次に、球を斜めに投げ上げる場合を考えましょう。ここでも運動を鉛直方向と水平方向に分けて考えると、簡単な運動に分解できます。

初速度をv_0、投げ上げた角度をθとすると、初速度の鉛直成分（y成分）は、上向きを正として、

$$v_y = v_0 \times \sin\theta \qquad (14)$$

初速度の水平成分（x成分）は、

$$v_x = v_0 \times \cos\theta \qquad (15)$$

で表されます。

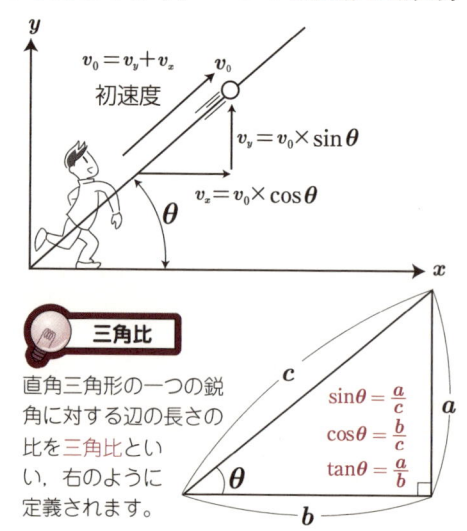

三角比

直角三角形の一つの鋭角に対する辺の長さの比を三角比といい、右のように定義されます。

$\sin\theta = \frac{a}{c}$
$\cos\theta = \frac{b}{c}$
$\tan\theta = \frac{a}{b}$

投げ上げた後，球にはたらく力は鉛直下向きの重力だけなので，(11)式，(12)式から（上向きを正にとっているので重力加速度は$-g$になることに注意），

$$h = v_y t - \frac{1}{2}gt^2 = v_0 t \sin\theta - \frac{1}{2}gt^2 \quad (16)$$

$$x = v_x t = v_0 t \cos\theta \quad (17)$$

となります。

> $\sin\theta, \cos\theta, \tan\theta$ の間には，
> $$\tan\theta = \frac{\sin\theta}{\cos\theta}$$
> の相互関係があります。

また，(17)式を変形すると

$$t = \frac{x}{v_0 \cos\theta}$$

なので，これを(16)式に代入すると

$$h = v_0 \sin\theta \times \frac{x}{v_0 \cos\theta} - \frac{1}{2}g \times \left(\frac{x}{v_0 \cos\theta}\right)^2$$
$$= x \tan\theta - \frac{g}{2v_0^2 \cos^2\theta}x^2 \quad (18)$$

となり，これは物体の軌跡を表す式になります。

以上より，同じ初速度で異なった角度で投げ出した球の運動の軌道は，下の図のような放物線を描きます（空気の抵抗は考えない）。最大の高さは真上に投げ上げたときに，最大の水平到達距離は45°の角度で投げ上げたときに得られます。物体が地上に落ちたときは，(16)式で $h=0$ とおくと，

$$0 = v_0 t \sin\theta - \frac{1}{2}gt^2$$

これを変形して

$$t = \frac{2v_0 \sin\theta}{g} \quad (19)$$

球の運動の軌道

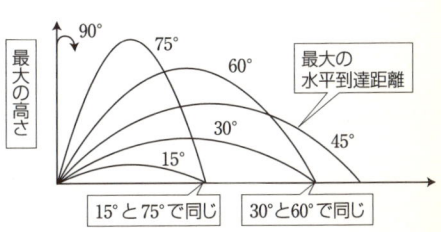

さらに，これを(17)式に代入すると，

$$x = v_0\cos\theta \times \frac{2v_0\sin\theta}{g} = \frac{v_0{}^2\sin 2\theta}{g} \qquad (20)$$

注意
$2\sin\theta\cos\theta = \sin 2\theta$
に変換できます。

となります。x が最大になるのは，$\sin 2\theta = 1$，すなわち $\theta = 45$度 となります。よりボールなどを遠くまで飛ばしたいときは，45度の角度でというのは，このようにして導かれるのです。ただし，実際には空気の抵抗があり，その分だけ減速されるので，水平方向の速度が少し速くなる，もう少し小さい角度がベストとなります。つまり，ライナー性の当たりのときのほうが，ホームランになりやすいわけです。

 等速円運動

　遊園地のメリーゴーランドや観覧車は，一定の速さで回っています。このように，円周上を一定の速さで回る運動を**等速円運動**といいます。下の図のように，球が半径 r [m] の円周上を一定の速さ v [m/s] で回転しているとき，球が1回転するのに要する時間（周期といいます）T [s] は円周の長さが $2\pi r$ （$\pi = 3.14$）なので，

$$T = \frac{2\pi r}{v} \qquad (21)$$

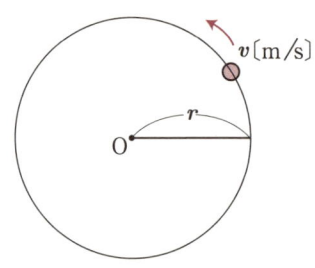

となります。

　ところで，等速直線運動では力ははたらいていませんでしたが，等速円運動ではどうでしょうか。等速円運動では，速さ（速度の大きさ）は一定ですが，**速度の向きは絶えず変わっています**。加速度は速度が変化する割合なので，速度をベクトルで考えると，**変化の方向に加速度が生じ，力がはたらいている**ことになります。

では，速度の変化の向きを調べてみましょう。下の図で，等速円運動している球の速度が時間tの間に$\vec{v}$から$\vec{v}'$に変わったとします。このとき，加速度は$\frac{\vec{v}'-\vec{v}}{t}$で表され，加速度の向き（$\vec{v}'-\vec{v}$のベクトル（p.52参照）の向き）は円の中心を向いています。ですから，力の向きも円の中心を向きます。このような，等速円運動をしている物体にはたらいている，中心に向かう力を**向心力**といいます。

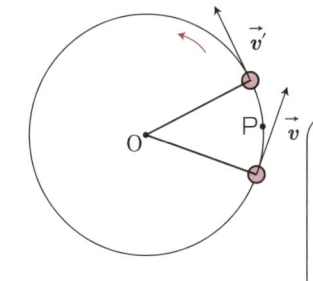

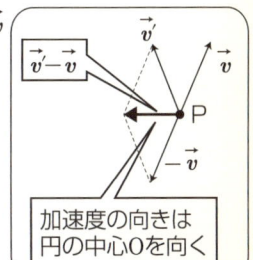

$\vec{v}'$と$\vec{v}$の作用点をP点に平行移動すると

加速度の向きは円の中心Oを向く

　具体的に加速度を導いてみましょう。半径r〔m〕の円周上を速さv〔m/s〕で等速円運動している物体が微小時間Δtの間に，微小角$\Delta\theta$だけ回転したとします。速度の中心向きの微小変化Δvは，

$$\Delta v = |\vec{v}'-\vec{v}| = v\Delta\theta \qquad (22)$$

一方，Δt秒間に円周上を物体が動いた距離sは，

$$s = r\Delta\theta = v\Delta t \qquad (23)$$

(23)式を変換すると，

$$\Delta t = \frac{r\Delta\theta}{v} \qquad (24)$$

(22)式と(24)式より，加速度aは，

$$a = \frac{\Delta v}{\Delta t} = \frac{v\Delta\theta}{r\Delta\theta/v} = \frac{v^2}{r} \qquad (25)$$

となります。

> Δは，微小の変化量を表す記号です。つまり，Δtはごくわずかな時間の変化を，$\Delta\theta$はごくわずかな角度の変化を，それぞれ表します。また，(22)式の$|\vec{v}'-\vec{v}|$は$\vec{v}'-\vec{v}$の絶対値，つまり$\vec{v}$から$\vec{v}'$へ変化した量を表しています。

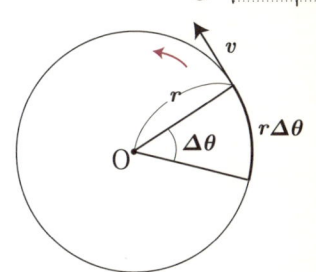

また，あとで（→p.39）お話ししますが，力の大きさF〔単位はN〕は，質量と加速度の積で求められるので，質量m〔kg〕の物体にはたらく向心力の大きさF〔N〕は，

$$F = \frac{mv^2}{r} \tag{26}$$

と表すことができるのです。

向心力と遠心力

遊園地のジェットコースターに乗ってカーブを曲がるとき，からだが外向きに投げ出されるような感じを経験したことはないでしょうか。これは，円の中心から外に向かう力が乗客にはたらいているからです。この力を**遠心力**といいます。遠心力と向心力はどのように違うのでしょうか。

遠心力は，乗り物などが回転しているときだけ，その乗り物に乗っている乗客にはたらく力です。外に立って，乗り物を見ている人には遠心力ははたらきません。

一方，円運動している物体には，円運動を続けるための力がはたらいているはずです。その力がなければ物体は等速直線運動をします。このはたらいている力が**向心力**です。遠心力は見かけの力であり，向心力は実在の力なの

です。なお，遠心力の大きさは向心力と等しく，(26)式で表されます。

　将来，人類が宇宙空間に進出して，スペースコロニーを建設しようとするとき，いちばん問題になるのが，宇宙空間での**無重量状態**です。無重量状態で長く生活していると，骨が溶け出すなど，健康に非常に悪い影響を与えます。人類はもともと重力のある世界で生きてきたので，同じような環境をつくり出したいと考えるでしょう。そのための秘策として，ドーナツ型のスペースコロニーを建設し，それを回転させるという方法があります。このとき，スペースコロニー内の居住者には，外向きに遠心力がはたらき，この力が重力のように感じられるはずです(天井が内側，床が外側)。では，このようなスペースコロニーを設計してみましょう。

　(26)式の向心力(遠心力)が地表の重力と同じになればよいので，

$$\frac{mv^2}{r} = mg$$

整理すると，

$$v = \sqrt{rg}$$

回転の周期は(21)式から，

$$T = \frac{2\pi r}{v} = 2\pi\sqrt{\frac{r}{g}}$$

したがって，スペースコロニーの半径を4km＝4000mとすると，

$$T = 2\pi \times \sqrt{\frac{4000}{9.8}} = 127 \ [\text{s}]$$

つまり，約2分に1回転させると，地上の重力とほぼ変わらない遠心力を発生させることができるわけです。なんと雄大な計画ではないですか。

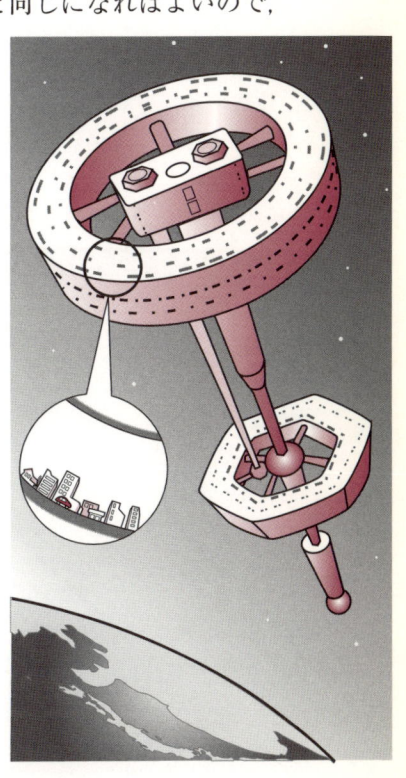

Column コリオリ力

　回転をしている系には，運動しているときにしかはたらかない「見かけの力」がはたらきます。「遠心力」はこの見かけの力のひとつで，運動をしていない人にははたらきませんし，運動を止めれば消えてしまいます。これに対し，万有引力やクーロン力は運動状態に関係なくはたらく「実在の力」です。

　回転している系には，遠心力のほかにもう一つ，**「コリオリ力」**とよばれる見かけの力がはたらきます。回転体の上での直線運動をそらそうとする力です。例えば，地球上でも（地球も自転しています），北半球では進行方向に対して右向きにコリオリ力がはたらきます。北半球で台風が左巻きになるのは，このコリオリ力がはたらくからです。

　台風は周囲に比べて気圧が低いので，周囲から空気が流れ込んできます。このとき，空気が進む方向に対して右へ押す力がはたらくので，回り込むような空気の流れとなり，上から見て左巻きの渦巻きとなります。南半球では，地球の回転方向と空気の流れ込む方向の関係が逆になるので，渦の巻き方も逆になり，南半球の台風は右巻きとなります。

　地球の自転によるコリオリ力は大変小さいので，私たちの日常生活のスケールの中ではその力を感じることはほとんどできません。洗面所や浴槽

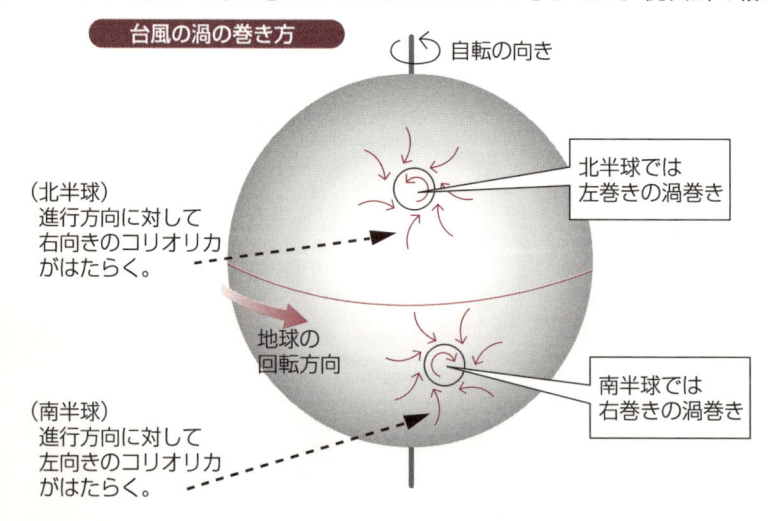

台風の渦の巻き方

自転の向き

（北半球）
進行方向に対して
右向きのコリオリ力
がはたらく。

北半球では
左巻きの渦巻き

地球の
回転方向

（南半球）
進行方向に対して
左向きのコリオリ力
がはたらく。

南半球では
右巻きの渦巻き

第1節　運動って何!?

の栓を抜いたときに，水が回りながら穴に吸い込まれていくのは，一見コリオリ力の影響のようにも見えますが，実はそうではありません。この回転は，水をはった容器のかたちや穴の位置，栓を抜くときの力のかけ方など，微妙な作用で決まるもので，コリオリ力はそれよりも小さいのです。

　そんなコリオリ力を見ることができる装置が博物館や科学館にあります。**フーコーの振り子**とよばれる，振幅がゆっくりとした大きな振り子です。振り子のおもりを引っ張って手を離すと，振動を始めますが，向こうへ振れていく間に右向きのコリオリ力がはたらくので，わずかに右寄りにずれていくはずです。そして戻ってくるときも，やはり進行方向に対して右向きの力を受けることになります。したがって，一往復して戻ってきたときは，最初の位置からわずかに左にずれていることになります。一往復ではそのずれに気がつきませんが，何回も長時間振らせると，振り子が振れる面が左へ左へと，時計回りにまわっていくことが観察できるのです。1851年，フランスのフーコーが，パリのパンテオン寺院の大ホールの天井から67mの振り子を振らせて，地球の自転を実証したことから「フーコーの振り子」と呼ばれています。

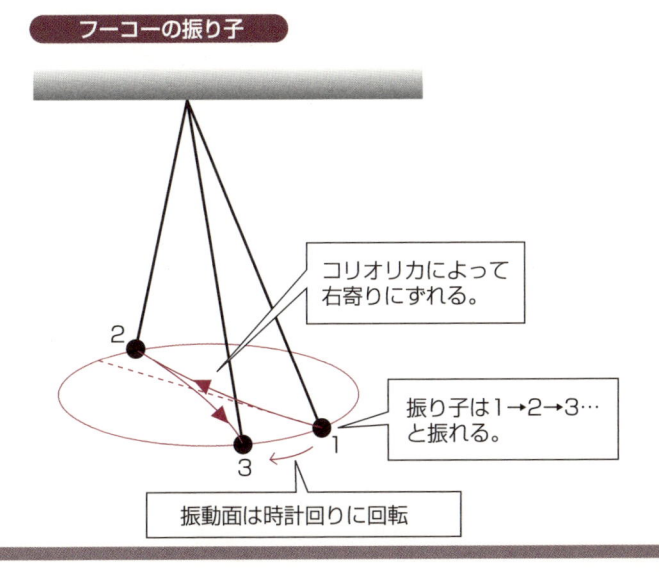

フーコーの振り子

コリオリ力によって右寄りにずれる。

振り子は1→2→3…と振れる。

振動面は時計回りに回転

運動の3法則

2 わずか3つの法則で 世界が回る 宇宙が駆ける

ケプラーが，先述したような法則（→p.20）を発見していた頃，**ガリレオ**は**運動の法則**を研究していました。そのガリレオの考えを現代風にまとめてみましょう。

慣性の法則

等速直線運動をしている電車の中で，手に持っていたペンを落としたとします。そのペンはどこに落ちるでしょうか。当然足元に落ちますよね。一見当たり前のような出来事ですが，本当に当たり前でしょうか。

電車の外から見ると，ペンにはたらく力は下向きの重力のみです。ペンは水平方向には力を受けていません。よって，手を離れたときからペンは水平方向に何も運動せずに，落とした人の足元より後ろに落ちるような気がします。しかし，実際には，ペンは足元に落ちるわけですから，手を離れたペンは力を受けていない水平方向に，そのままの速度で動き続けていることになります。

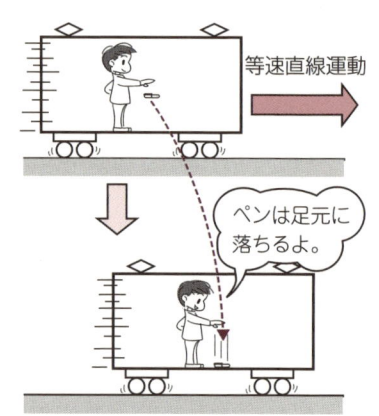

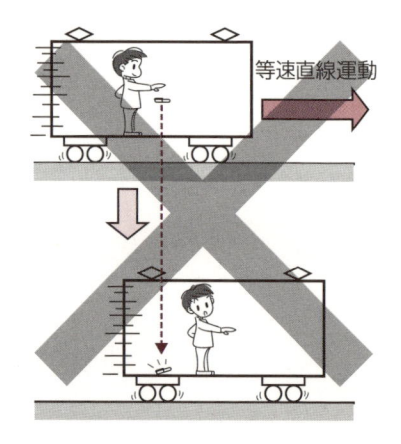

第2節 わずか3つの法則で 世界が回る 宇宙が駆ける

このように，物体には"それまでの運動を保とうとする性質(慣性と呼びます)"があります。これは，ガリレオの思考実験によって明らかにされ，

> 運動の第1法則(慣性の法則)
> 静止しているものは力を加えない限り静止し続け，動いているものは力を加えない限り同じ速度で動き続ける(等速直線運動し続ける)。

としてまとめられています。

慣性の法則
静止しているものは静止し続ける。
動いているものは同じ速度で動き続ける。
等速直線運動

では，ガリレオの思考実験を簡単にお話ししましょう。

まず，摩擦のない斜面を考えます。下の図で，左側の斜面上のA点から球を転がせば，その球は右側の斜面上のどの位置まで上がるでしょうか。摩擦や抵抗がなければ，出発点と同じ高さのB点まで上がるはずです。次に，右側の斜面の傾きをしだいにゆるやかにしていきます。球の転がる距離はだんだん長くなりますが，どの場合でも同じ高さまで上がっていくはずです。最後に，右側の斜面が水平になったとすれば，球は決して最初の高さに達することができないので，どこまでも動き続けることになります。

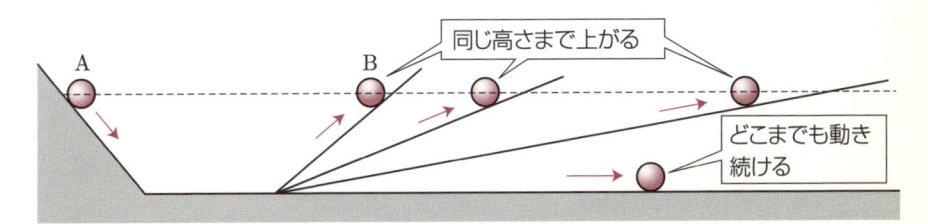

同じ高さまで上がる
どこまでも動き続ける

等速直線運動をする新幹線や飛行機の中で，あまり動いていることを意識せずに食事などができるのは慣性の法則のおかげです。逆に急ブレーキや急旋回によって運動状態が変わると，私たちは以前の運動をし続けようとするためにイスから投げ出されたり倒れそうになったりするのです。

　また，宇宙を航行している宇宙船には空気の抵抗がないので，力はほとんどはたらいていません。したがって，エンジンを噴射しなくても宇宙船は慣性の法則により等速で航行することができます。これは，だるま落としについても言えます。木づちが当たった木片のみが飛んでいき，上のだるまがそのまま下に落ちるのも慣性の法則なのです。

運動の法則

　それでは，物体に力がはたらくとき，物体はどのような運動をするのでしょうか。

　ガリレオは，落下運動は一様に加速する運動と考え，**加速度**を導入しました。**ニュートン**は，リンゴが落下するとき，リンゴを引っぱる力がはたらいていると考えました。つまり，**物体に力がはたらくと加速度が生じる**と考えてよさそうです。

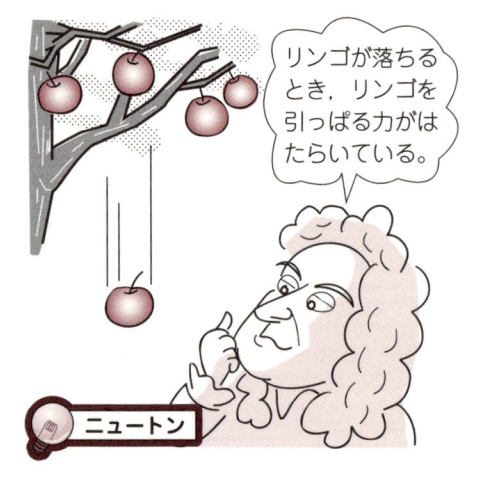

一方，軽い玉と重い玉を加速させて同じ速度で転がすとき，どちらのほうが力を必要とするのでしょうか。当然重い玉ですね。このことから同じように加速するためには，質量に比例した力が必要であることがわかります。

　このように，物体に力がはたらくとき，その力（合力）の向きに加速度が生じ，

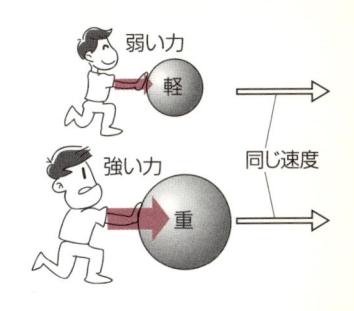

> **運動の第２法則（運動の法則）**
> 　加速度の大きさは，力の大きさに比例し，物体の質量に反比例する。

とまとめられます。

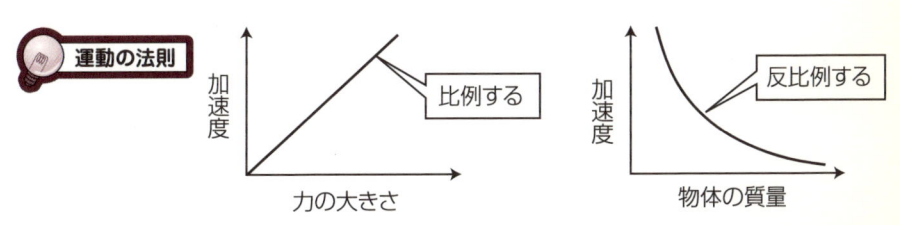

　では，この運動の法則を式で表してみましょう。質量 m の物体に力 F（ベクトル（→p.52））〔単位はN（ニュートン）〕がはたらいているときに生じる加速度を a とします。a は F に比例し，m に反比例するので，比例定数を k として，

$$a = k\frac{F}{m}$$

となります。

　ここで，$k=1$ となるように，質量 1 kg の物体が加速度 1 m/s^2 で運動しているとき，はたらいている力の大きさを 1 〔N〕と決めると，次の(27)式が導き出されます。

$$F = ma \tag{27}$$

第2章 月も人工衛星も落ち続けている

簡単な例を挙げましょう。静止していた質量2kgの台車に6Nの力を加え続けました。このとき，台車に生じる加速度の大きさ，4秒後の台車の速さ，4秒間に台車が移動した距離はいくらでしょうか。

(27)式より，

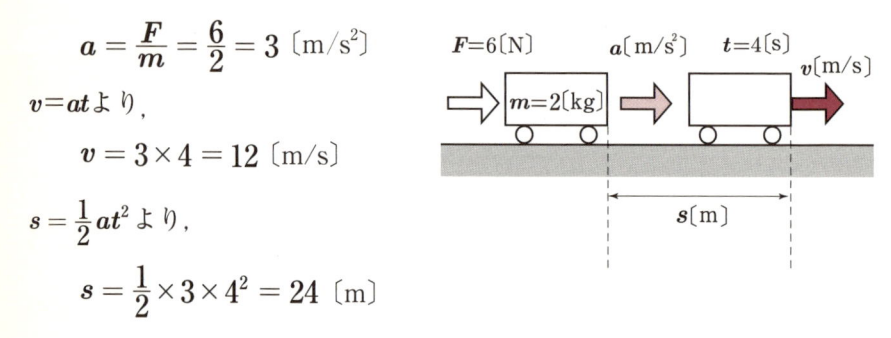

$$a = \frac{F}{m} = \frac{6}{2} = 3 \ [\text{m/s}^2]$$

$v = at$ より，

$$v = 3 \times 4 = 12 \ [\text{m/s}]$$

$s = \frac{1}{2}at^2$ より，

$$s = \frac{1}{2} \times 3 \times 4^2 = 24 \ [\text{m}]$$

よって，加速度は3m/s²，4秒後の速さは12m/s，移動距離は24mです。

このように，物体にはたらいている力の大きさ（と質量）がわかれば，その後の物体の運動のようすがすべてわかってしまうのです。つまり，多少複雑な運動であっても，式を立て，それを解くことができれば，その後の運動を正確に知ることができるのです。この式のことを**運動方程式**と呼んでいます。

質量と重さの違い

自由落下する物体の加速度は，物体の質量に関係なく一定の値g [m/s²]です（→p.25）。この自由落下する物体にはたらいている力は**重力**のみであり，(27)式から，質量m [kg]の物体にはたらく重力の大きさF [N]は，

$$F = mg \tag{28}$$

で表すことができます。

これより，重力の大きさが，その物体の質量に比例することがわかります。この重力の大きさのことを**重さ**といいます。重さと質量は日常生活では同じような意味で使われていますが，物理では，意味が違います。**質量**は，**物体**

をつくっている物質そのものの量を表し，宇宙のどの場所でも同じ値を示します。一方，**重さ**は，同じ物体でも場所によって異なった値を示します。これは，場所によって，(28)式の重力加速度の値が異なるからです。月面上では，重力加速度は地球上の6分の1なので，重さも6分の1になります。地球をめぐる宇宙船の中では，無重量状態で重さはほとんど0ですが，質量は地球上と同じです。その結果，宇宙船の中で重いものを手に持って（重さは0ですが），水平に動かそうとすれば，地球上と同じ腕の力が必要になります。

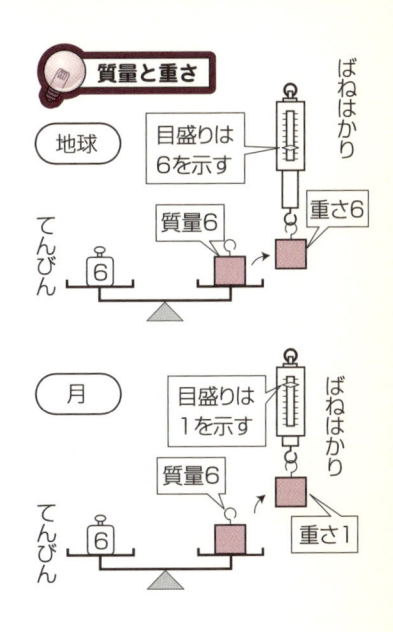

質量と重さ

地球　目盛りは6を示す　ばねはかり　質量6　重さ6　てんびん

月　目盛りは1を示す　ばねはかり　質量6　重さ1　てんびん

作用反作用の法則

100m走をしたとしましょう。スタートダッシュで加速度が生じ，しだいに速くなります。さて，加速度が生じるためには，(27)式より，力がはたらいているはずです。この力はいったいどこから出てくるのでしょうか。「決まっている。自分で力を出している」と思っていませんか。本当に，あなた自身だけで力を出せるのでしょうか。自分の靴の靴ひもを引っぱり上げて，あなた自身を持ち上げられますか。宇宙船の中で，フワフワ漂いながら走れますか。このような謎を解決するためには，次のページの法則が役に立ちます。

人が移動するときの「力」はどこから出てくるのだろう。

第2章 月も人工衛星も落ち続けている

> **運動の第3法則（作用反作用の法則）**
> 　物体Aが物体Bに力（作用という）を及ぼしているとき，同時に物体Aも物体Bから力（反作用という）を受けている。この作用と反作用の力は一直線上にあり，逆向きで，大きさが等しい。

　力というものは単独に存在するものではなく，"物体と物体の間にはたらく相互作用"なのです。地球（地面）がリンゴを引っぱるのなら，リンゴも地球を引っぱっているのです。リンゴは質量が小さいですから，地球に引っぱられて落ちますが，地球は質量が大きく，動かないだけのことです（力の大きさはどちらも同じ）。1つの物体は力を及ぼす相手がいなければ，力を発揮しようがありません。100m走のあなたは，地面なしでは走れません。走っているとき，あなたは地面を足で押しているはずです（作用）。このとき，地面はあなたを押し返しており（反作用），この反作用の力であなたは走れるのです。

　作用反作用の例は身近にたくさんあります。例えば風船が飛ぶのは作用反作用のおかげです。風船は縮むとき，中の空気を後ろへ押します（作用）。このとき，空気は風船を前に押し返します（反作用）。ロケットが宇宙空間を飛行するときも同じです。このときは，空気の代わりに燃料を燃やしたガスを噴出します。

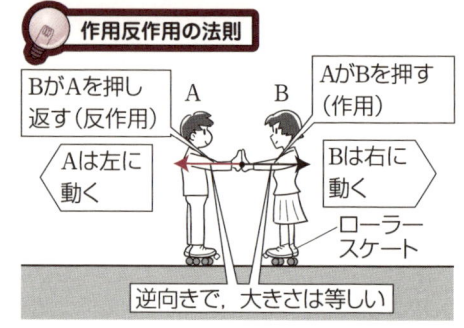

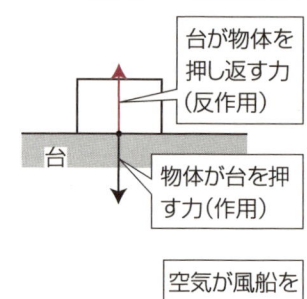

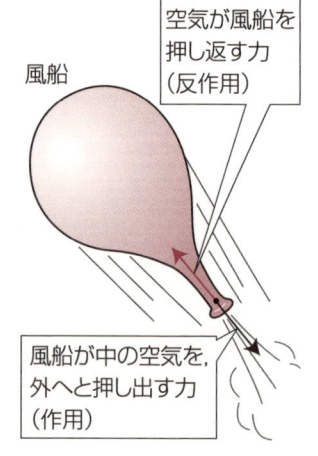

第2節　わずか3つの法則で 世界が回る 宇宙が駆ける

すべては決定されている

　ニュートンは，運動の3法則をまとめることによって，天体と地上を支配する秩序を見つけ，天体と地上を問わず，様々な運動現象を説明することに成功しました。この法則を適用すれば，フランス人ラプラスがいうように，「ある与えられた瞬間に，自然を動かしているすべての力と自然を構成するすべての存在の状況（位置や速度など）を知ることができれば，不確実なことがらは何もなく，未来も過去もはっきりと知ることができるであろう」ということになります。このことは，すべてのことが決定されているという機械的な自然観を生み出しました。宇宙は数学で支配されており，時計のように規則的に運動していくのです。

　ニュートンが『プリンキピア（自然哲学の数学的原理）』を著し，運動の3法則と万有引力の法則を確立したのは1687年でした。こうして"万物をつくりたもう神"は"科学"に席をゆずりました。それ以後3世紀あまり，ニュートンが敷いた路線は大成功をおさめ，力学だけでなく，エネルギーでも波動でも電磁気でも，自然のからくりが次々と明かされていきました。

宇宙は数学で支配されており，規則的に運動している。

ニュートン

3 万有引力
リンゴも月も落ちている

　運動を記述する基礎の用意ができましたので，いよいよケプラーの法則がなぜ成り立つのかを見ていきたいと思います。

万有引力の法則

　ニュートンは，惑星がだ円軌道を描くのは，惑星に力がはたらいているからだと考えました。もし力がはたらいていなければ，慣性の法則により，惑星の軌道は直線となってしまうからです。さらに，ケプラーの第2法則には"太陽と惑星を結ぶ線分が同じ時間に描く面積は一定である"とあります。太陽と惑星を結ぶわけですから，ニュートンは，力の起源は太陽にあると推察しました。そして，その力は距離の2乗に反比例することを見出したのです。

　しかし，太陽だけが特殊な力をもっているわけではありません。地球のまわりには月が，木星のまわりには木星の月(衛星)が回っていることも当時は分かっていました。そこでニュートンは，この力を"あらゆるものが他のあらゆるものを引く力"と一般化し，**万有引力の法則**を打ち立てました。

万有引力の法則

　2物体の質量をm〔kg〕とM〔kg〕，物体間の距離をr〔m〕とすると，万有引力F〔N〕はGを万有引力定数として，

$$F = G\frac{mM}{r^2} \quad (29)$$

と表すことができる。

万有引力の法則

距離 r〔m〕

F〔N〕　　F〔N〕

m〔kg〕　　M〔kg〕

お互いに力を受けている

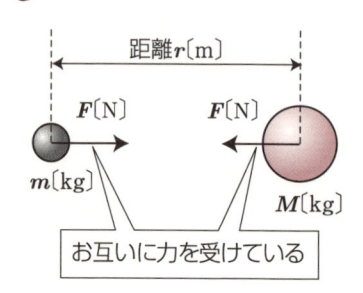

第3節　リンゴも月も落ちている

　Gの正確な値は，万有引力の発見から約100年後，**キャベンディッシュ**によって測定され，現在では，

$$G = 6.67 \times 10^{-11} \,[\text{N} \cdot \text{m}^2/\text{kg}^2] \tag{30}$$

となっています。

　地球が及ぼす万有引力が，リンゴをはじめ，私たちの身のまわりのものを地面へと落下させる力なのです。月も例外ではありません。地球との万有引力によって地球に落ちています。もし地球からの引力がはたらいていないとすると，月は直進します。しかし，引力がはたらくと，この直進軌道から少し地球に近づいてきます。なんと，月は1秒間に1.4mmほど，地球に向かって落下しているのです。その結果，月は地球のまわりを公転し続けていられるのです。

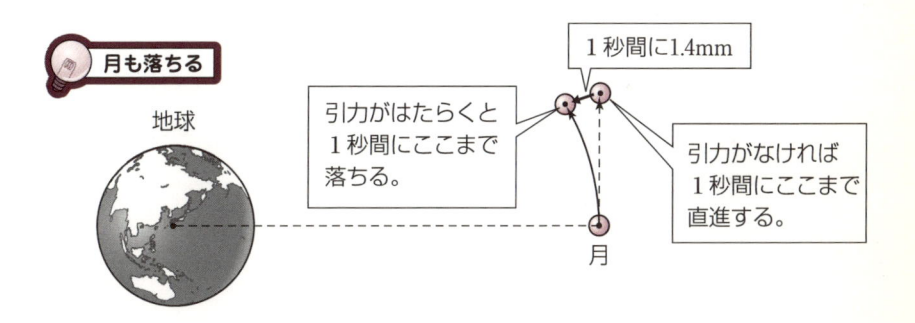

月も落ちる

地球／1秒間に1.4mm／引力がはたらくと1秒間にここまで落ちる。／引力がなければ1秒間にここまで直進する。／月

　さて，惑星運動においては，惑星の質量をm〔kg〕，太陽の質量をM〔kg〕，惑星と太陽の間の距離をr〔m〕とすると，(29)式と同様に，

$$F = G\frac{mM}{r^2} \tag{31}$$

が成り立ちます。

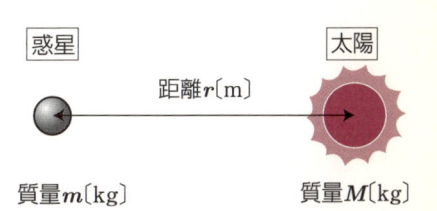

惑星　質量m〔kg〕　距離r〔m〕　太陽　質量M〔kg〕

第2章　月も人工衛星も落ち続けている

また，等速円運動（だ円運動としても結果は同じ）では，(26)式より

$$F = \frac{mv^2}{r} \tag{32}$$

も成り立ちます。

よって，

$$G\frac{mM}{r^2} = \frac{mv^2}{r} \tag{33}$$

となります。

さらに，公転周期（T）と速度の関係 $T = \frac{2\pi r}{v}$　(21)式から，$v = \frac{2\pi r}{T}$ を(33)式に代入して整理すると，

$$T^2 = \frac{4\pi^2}{GM}r^3 \tag{34}$$

となります。

$\frac{4\pi^2}{GM}$ は一定の値となるので（π, G, M は既定値です），これによりケプラーの第3法則"惑星の公転周期の2乗はだ円の長半径の3乗に比例する"が成り立っていることが示されました。すなわち，ケプラーの法則は，万有引力による運動から導かれるものだったのです。

人工衛星

地上のすべての物体にはたらく重力の正体が明らかになりました。"重力は，地球と地上の物体との間にはたらく万有引力"だったのです。

地上の物体の質量を m〔kg〕とすると，重力 F〔N〕は，

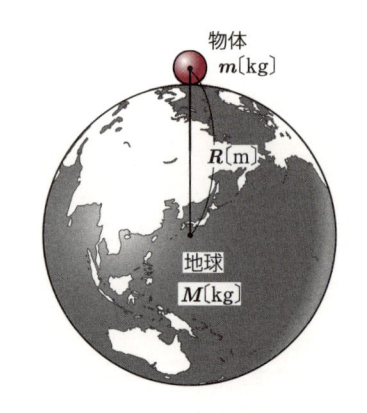

$$F = mg \tag{35}$$

で表されます（g は重力加速度）。

一方，地球の質量を M〔kg〕，地球の半径（地上の物体の中心と地球の中心との間の距離）を R〔m〕とすると，地球と地上の物体との間の万有引力は，(29)式より，

$$F = G\frac{mM}{R^2} \tag{36}$$

となります。(35)式と(36)式の右辺を等しいとおき，両辺の m を消去すると，重力加速度を表す式

$$g = \frac{GM}{R^2} \tag{37}$$

が導け，(37)式を使うことで，当時知られていなかった地球の質量の値を求めることができます。

つまり，万有引力定数が測定されると，重力加速度と地球の半径（すでに古代ギリシャの時代，10％ほどの誤差で知られていました）を代入すれば，地球の質量が求められてしまうのです。物理の公式の威力が分かっていただけるでしょうか。直接測定できないような量でも，自然を記述している法則をうまく使えば，間接的に求めることができるのです。

では，(37)式に，$g = 9.8$〔m/s^2〕，$R = 6370$〔km〕$= 6.37 \times 10^6$〔m〕，$G = 6.67 \times 10^{-11}$〔N·m^2/kg^2〕を実際に代入してみると，地球の質量は

$$\begin{aligned}
M &= \frac{gR^2}{G} \\
&= \frac{9.8 \times (6.37 \times 10^6)^2}{6.67 \times 10^{-11}} \\
&= 6.0 \times 10^{24} \text{〔kg〕}
\end{aligned}$$

となります。

> 6.0×10^{24} kgって想像もつかない大きさだよ。

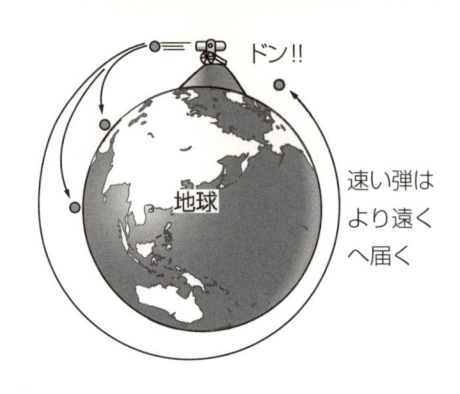

第2章　月も人工衛星も落ち続けている

　右の図を見てください。ニュートンの思考実験です。高い山で大砲を水平に発射したとします。弾の速さが遅いとき，弾は放物線を描いて地上に落下します。弾の速さを速くすると，もっと遠くまで進み，地上に落下します。もっと弾の速さを速くすれば，もっと遠くへ届くはずです。さらに弾の速さを速くすると，弾は円軌道を描き，地球を一周するようになります。前に投げたものが落ちることなく後ろからやってくる，これこそ人工衛星なのです。

　どのくらいの速さで弾を発射すれば人工衛星になるでしょうか。物理を知っていれば，やはりその値も計算することができます。

　半径R〔km〕の地球の表面を，質量m〔kg〕の人工衛星が速さv〔km/s〕で等速円運動しているとします。円運動の向心力は，(26)式より

$$F = \frac{mv^2}{R} \tag{38}$$

で表されます。

　一方，地球表面の重力加速度はgですから，

$$F = mg$$

これらの右辺を等しいとおくと，

$$\frac{v^2}{R} = g$$

となり，整理すると，

$$v = \sqrt{gR} \tag{39}$$

となります。

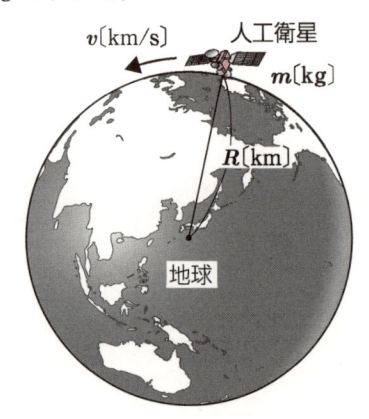

(39)式に，$g = 9.8 [\mathrm{m/s^2}] = 0.0098 [\mathrm{km/s^2}]$ と $R = 6370 [\mathrm{km}]$ を代入すると，$v = 7.9 [\mathrm{km/s}]$　つまり，秒速7.9kmで弾を発射すれば，落ちることなく地球を一周します。この速度は第1宇宙速度と呼ばれ，人工衛星を打ち上げるときにもこの速さ以上が必要とされます。ニュートンもこの数値を求めていましたが，当時の大砲の発射速度では，この数値は明らかに実現不可能でした。

人工衛星の回転の周期を求めるには，(21)式より，$T = \dfrac{2\pi R}{v}$ に，$v = \sqrt{gR}$ を代入し，

$$T = 2\pi \sqrt{\dfrac{R}{g}} \tag{40}$$

となります。前と同様に g と R の数値を代入すると，$T = 5063 [\mathrm{s}] = 1$ 時間25分　となります。

夜空を見上げていると，宵や明け方の時間帯（地上には日が当っていなくても，上空には日が当たっている状態）に，ゆっくりと動く光の点として人工衛星が見えることがあります。太陽の光を反射しながらスーッと動いていく様子は，かなりのスピードを感じさせますが，今の計算から約300km上空を飛ぶ人工衛星は，1周およそ1時間半で地球を回っていることがわかります。

ニュートンは人工衛星を考えた最初の人だといえるかもしれません。

Column　ダークマター（暗黒物質）

　太陽のまわりを地球を含めて9個の惑星が回っていますが，その軌道半径と回転速度にはどのような関係があるでしょうか。万有引力と遠心力がつり合っている状態の(33)式，

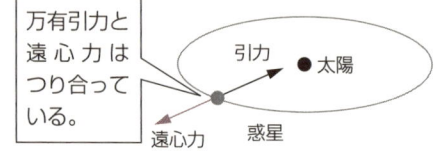

$$G\frac{mM}{r^2} = \frac{mv^2}{r}$$

を整理すると，

> 万有引力と遠心力はつり合っている。　引力　●太陽　惑星　遠心力

$$rv^2 = GM（G, M は既定値）＝一定$$

なので，軌道半径が大きくなるにつれて回転速度が遅くなることがわかります。実際，地球，火星，木星の公転速度は各々30km/s，24km/s，13km/sと外にいくほど遅くなります。太陽から遠く離れると，惑星にはたらく万有引力は小さくなり，公転速度も遅くなって遠心力も小さくなるのです。

　しかし，星の大集団である銀河ではその回転速度は外のほうへいっても小さくなることがありません。速度が一定であるということは，銀河の円盤の中ほどでも外のほうでも，同じぐらいの強さの遠心力がはたらいて

惑星の公転速度

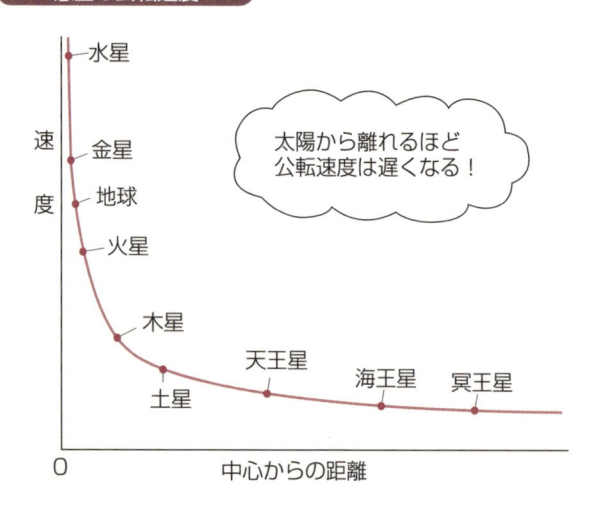

（グラフ：縦軸 速度，横軸 中心からの距離。水星，金星，地球，火星，木星，土星，天王星，海王星，冥王星の順にプロットされ，曲線は外側ほど遅くなる。）

　太陽から離れるほど公転速度は遅くなる！

第3節　リンゴも月も落ちている

いることになります。したがって，中心方向に向けて遠心力とつり合う万有引力がはたらいていないと，銀河の星々は遠心力でバラバラに飛び散ってしまうことになります。銀河の星々がおよぼす万有引力は，光っている星や，赤外線や電波で観測されるチリやガスの総質量から計算することができます。その結果，観測された物質による万有引力は遠心力の1/5から1/10にしかならないことがわかりました。このままでは銀河がバラバラになってしまうのです。

　つまり，銀河がこれまでかたちを保ってきたからには，銀河の中に観測された物質の5倍から10倍の見えない物質が存在していることになります。これが**ダークマター**であり，**暗黒物質**ともよばれています。

　その正体は何でしょうか。ブラックホールや中性子星などの高密度な天体や，質量が小さいために核融合反応が起こせなかった暗い褐色わい星が疑われましたが，どうもそうではないようです。ほかにニュートリノや仮想的な未知粒子も考えられていますが，どれも観測結果をうまく説明することができず，その正体はよくわかっていません。

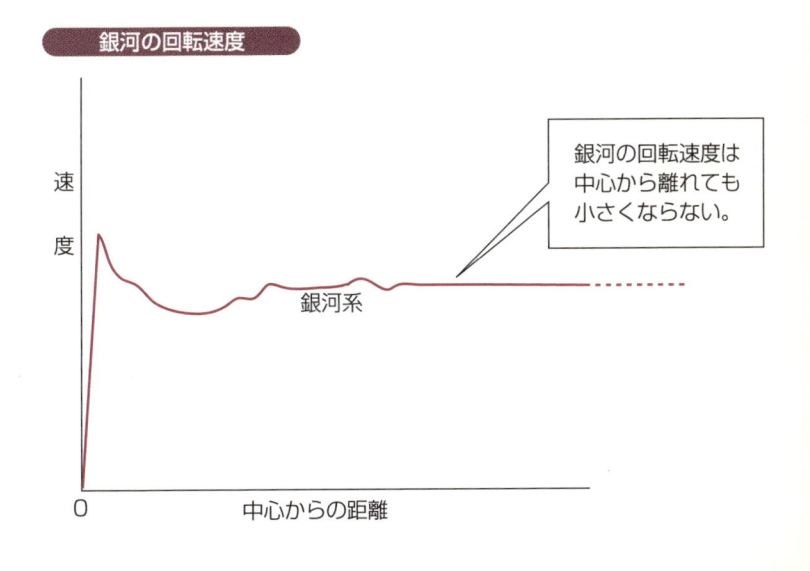

銀河の回転速度

銀河の回転速度は中心から離れても小さくならない。

（縦軸：速度，横軸：中心からの距離，曲線ラベル：銀河系）

4 力のいろいろ
力はどうやって表すの？

　運動方程式を解くことによって，私たちは物体の運動を予測できることを学びました。そのためには，まず，運動方程式を立てる必要があり，運動方程式を立てるためには物体にはたらく力を正しく記述することが必要です。ここでは，そんな物体にはたらく力をまとめておきたいと思います。

力の表し方

　力がはたらくと物体の形や速度が変わります。力は速度と同じように大きさと向きをもつ**ベクトル**量で，矢印の長さと向きで表されます。

　力がはたらく点を**作用点**，作用点から力の向きに引いた線を**作用線**と呼び，力の大きさ，力の向き，作用点は**力の三要素**といわれます。

　物体に力がはたらいていても静止しているか速度を変えないときは，**力がつり合っている状態**で，そのときにはたらく2力は**大きさが等しく，逆向きで，同一作用線上**にあります。

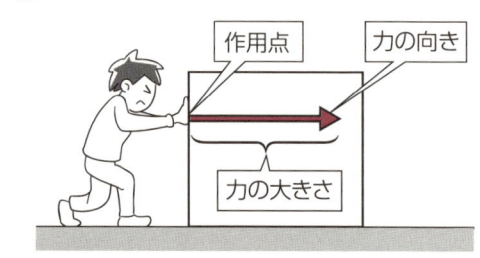

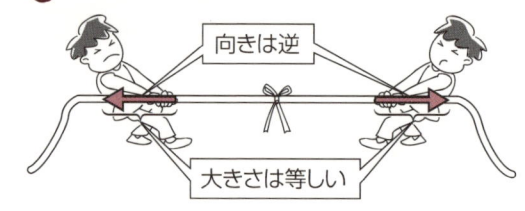

作用線

作用点　　力の向き

力の大きさ

2力のつり合い

向きは逆

大きさは等しい

第4節　力はどうやって表すの？

　静止している物体には何も力がはたらいていないように見えますが，身のまわりの物体にはいろいろな力がはたらいています。**重力**や**磁力**のように地球や磁石から空間を隔ててはたらく力を**遠隔力**，**垂直抗力**や**摩擦力**のように直接接触してはたらく力を**近接力**と呼びます。

遠隔力

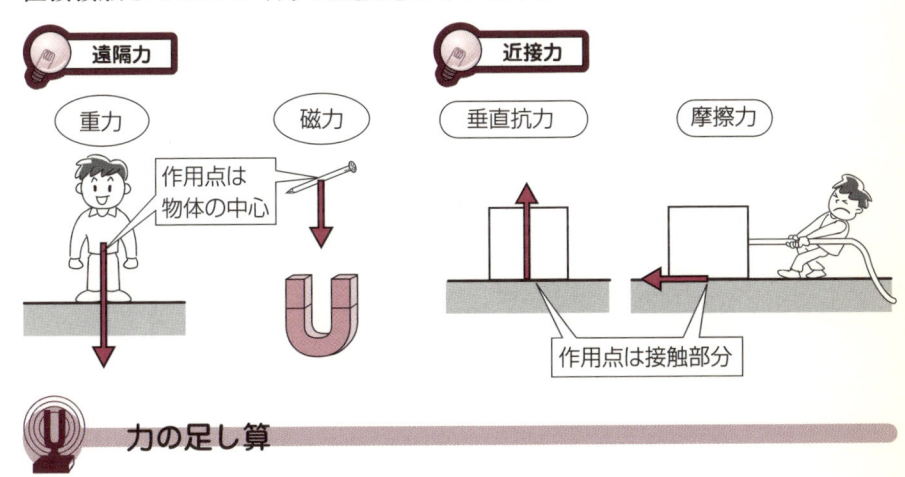

重力　　磁力
作用点は物体の中心

近接力

垂直抗力　　摩擦力
作用点は接触部分

力の足し算

　力はベクトル量なので，力の足し算（**合成**）は，ベクトルの足し算になります。2つのベクトルの足し算は，それぞれのベクトルを2辺とする平行四辺形の対角線として求めることができます。逆に，1つの力を平行四辺形の対角線とすれば，同じ効果をもつ2力に分けることができます（**力の分解**）。こうして1つ1つの物体にはたらく力を探し出すことができれば，1つ1つの物体に対する運動方程式を立てることができます。これらの方程式を連立させて解くことにより，系全体の運動の様子を知ることができるのです。

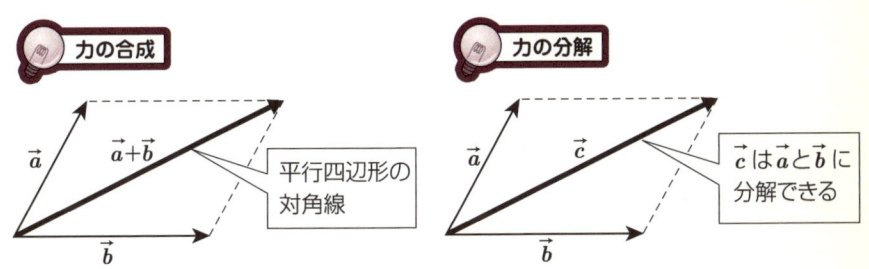

力の合成

$\vec{a}$，$\vec{a}+\vec{b}$，$\vec{b}$
平行四辺形の対角線

力の分解

$\vec{a}$，$\vec{c}$，$\vec{b}$
$\vec{c}$は$\vec{a}$と$\vec{b}$に分解できる

第2章 月も人工衛星も落ち続けている

例えば，質量 M〔kg〕の台車の先頭に糸を結びつけ，もう一端に質量 m〔kg〕のおもりを滑車を介してぶら下げた場合を考えます。台車の加速度と糸の張力はいくらでしょうか。台車の加速度を a〔m/s²〕，糸の張力を T〔N〕とし，動き出す方向を正とすると，台車の運動方程式は

$$Ma = T$$

おもりの運動方程式は

$$ma = mg - T$$

となります。

この2式より，T を消去すると，

$$ma = mg - Ma$$

よって，

$$a = \frac{mg}{M+m} \text{〔m/s}^2\text{〕}$$

元の式に代入して，

$$T = \frac{Mmg}{M+m} \text{〔N〕}$$

となります。

台車やおもりの質量を具体的に代入すれば，今後この系がどれくらいの速度になって何秒後に地面に落ちるかなど，運動の様子をあらかじめ求めることができるのです。

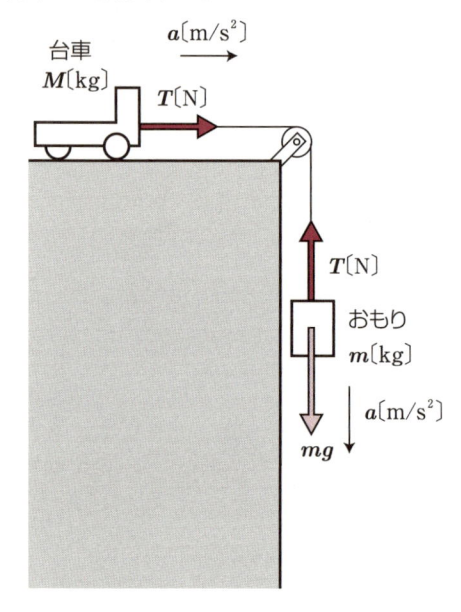

5 スポーツ上達の極意

運動量と角運動量

運動量と力積

　人やボールが勢いよくぶつかってきたときを考えてみましょう。どのようなとき，大きな衝撃を感じるでしょうか。遅いボールと速いボールでは速いボールのほうが当たると痛く感じます。同じ速度でも，子供より大人がぶつかってきたときは倒れそうになります。どうも私たちが感じる衝撃の大きさは，物体の質量や速度が関係しそうです。

ボールが当たったときの痛さは，質量や速度に関係する。

　質量m〔kg〕の物体が速度v〔m/s〕で動いているとき，運動の激しさの程度を示す目安となる量を**運動量**といい，記号p〔単位は kg・m/s〕で表し，

$$p = mv \tag{41}$$

と定義します。一方，力Fは$F=ma$，加速度aは$a=\dfrac{v}{t}$なので

$$F = \dfrac{mv}{t}$$

よって，

$$Ft = mv \tag{42}$$

となり，運動量pは力と時間の積Ftに等しくなります。

物体が一定の力F〔N〕を時間t〔s〕の間だけ受けたとき，その積を**力積**〔N·s〕と定義します。すると，運動量と力積の関係は"**物体の運動量の変化は，その間に物体が受けた力積に等しい**"となります。物体に最大の運動量の変化を与えようとすれば，なるべく大きな力Fを加えるか，接触時間tを延ばせばよいことになります。野球でもゴルフでも，力強く振りぬけばもちろんのこと，ボールがバットやクラブに接触している時間を長くするような打ち方をすれば，小さな力でもボールの飛び出しが速くなり，遠くまで飛びます。

また，日常においても私たちは，この運動量の変化と力積の関係をうまく使っています。高いところから地面に飛び降りたときを考えてみましょう。

人が地面に飛び降りたときの運動量pは，(41)式より$p=mv$ですので，その人の体重mと落下する速度vによって変化します。この運動量pが，力積Ftでもあるわけです。

ひざを曲げずに着地すると，地面に一瞬(t)足がついたと思ったら，すぐにはねかえされてしまい，骨に強い衝撃(F)を受けます。しかし，ひざを曲げて着地すれば，地面と足が接触している時間(t)が長くなるので，骨に伝わる力(F)が小さくてすむのです。つまり，同じ大きさの運動量pを伴うならば，接触時間tを長くすれば，受ける力Fが小さくなるのです。

同じ条件で飛び降りたときに，何事もなくすむか，骨にひびが入るか，はたまた骨折してしまうか…といった結果の違いには，こういったことも影響しているわけです。

ボールとバット，ボールとクラブが接触している時間を長くするほど遠くまでボールは飛びます。

第5節　スポーツ上達の極意

運動量保存の法則

次のような，一直線上で衝突をする2つの物体を考えてみましょう。

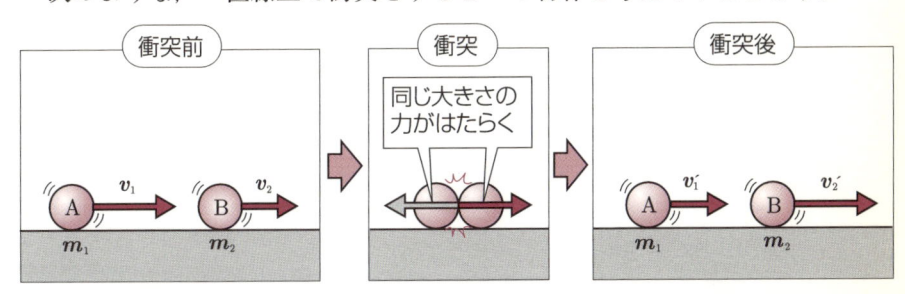

[衝突前] Aが速度v_1，Bが速度v_2（質量m_1, m_2）
[衝突] 同じ大きさの力がはたらく
[衝突後] Aが速度v_1'，Bが速度v_2'

それぞれ速度v_1，v_2で運動している質量m_1，m_2の2つの物体A，Bが衝突し，速度がそれぞれv_1'，v_2'になったとします。進行方向を正とすると，衝突の際に物体Bが物体AからFtの力積を受けて速度が増したとすると，

$$m_2v_2' - m_2v_2 = Ft \quad \cdots ①$$

作用反作用の法則(→p.41)により，物体Aは$-Ft$の力積を受けて減速しますから，

$$m_1v_1' - m_1v_1 = -Ft \quad \cdots ②$$

①と②の両辺をそれぞれ足し合わせると，

$$m_2v_2' + m_1v_1' - m_2v_2 - m_1v_1 = 0$$

よって，

$$m_1v_1 + m_2v_2 = m_1v_1' + m_2v_2' \tag{43}$$

これは，

> （衝突前の運動量の和）＝（衝突後の運動量の和）

であり，衝突の前後で運動量の和が変わらないことを示しています。すなわち，

第2章　月も人工衛星も落ち続けている

> **運動量保存の法則**
> 外部から力がはたらかない限り，いくつかの物体の運動量の総和は，衝突などで変化することなく，常に一定に保たれる。

ということになります。この関係を使えば，衝突中の力の性質について何もわからなくても，衝突後の速度を求めることができてしまいます。

運動量保存の法則の威力を，2つの物体が衝突後合体する場合について実感しましょう。図のように，速度4m/s，質量3kgの台車が，静止している質量1kgの台車に追突し，連結しました。連結後の台車の速度はいくらでしょうか。連結後の速度をv〔m/s〕とおくと，(43)式より，vの値が求められます。

$$3 \times 4 + 1 \times 0 = (3+1) \times v$$
$$v = 3 〔\text{m/s}〕$$

次に，静止していた物体が分裂する場合の例を考えましょう。図のように，ロケットはガスを噴出することで上昇し，ガスの速さが速くなればロケットも速く上昇します。最初は静止していたものが，ガスとロケットのように分裂することで逆向きの速度をもつなんて，不思議な気がしませんか。

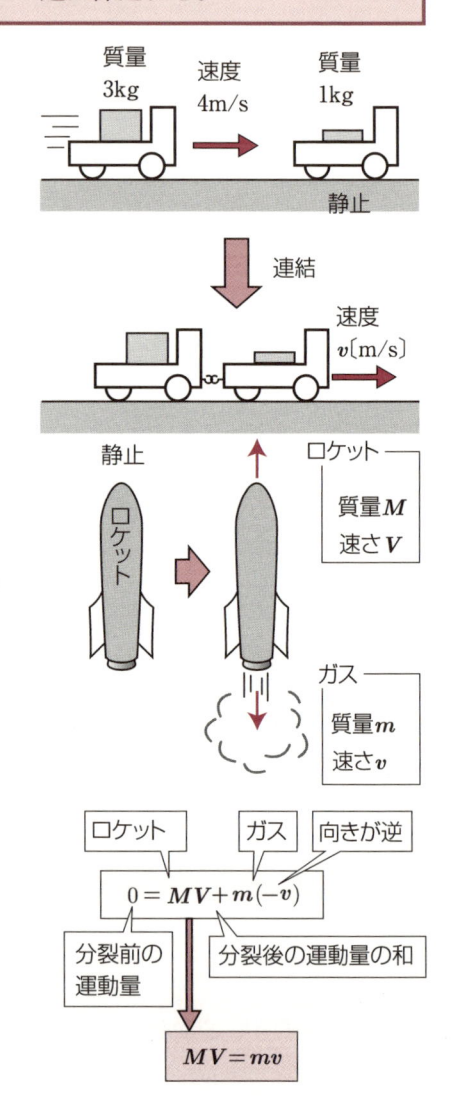

第5節　スポーツ上達の極意

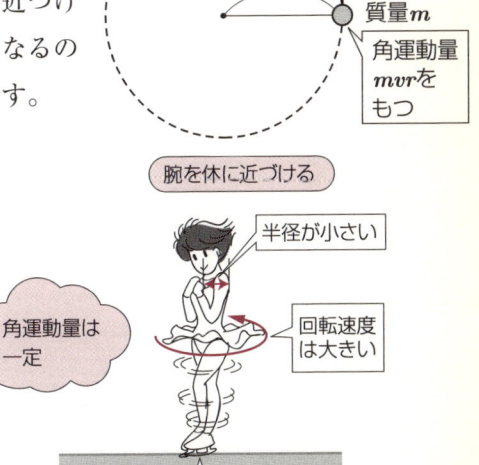

角運動量保存の法則

　直線上を運動している物体は運動量をもっています。一方，回転している物体は，回転運動の激しさの程度を示す目安となる**角運動量**をもっています。回転の中心から半径rの位置を，質量mの物体が速度vで回っているとき，角運動量ω(オメガ)は次の式で表されます。

$$\omega = mvr \tag{44}$$

また，角運動量も運動量と同様に保存され，

> **角運動量保存の法則**
> 　回転させる力に変化が起こらない限り，角運動量は一定に保たれる。

が成り立ちます。よって，回転台の上に乗って回転している人は，腕を伸ばすとrが大きくなるので，vが小さくなって回転は遅くなり，腕を体に近づけるとrが小さくなるので，vが大きくなって回転は速くなります。フィギュアスケートの選手やバレリーナが腕を体に近づけることにより，スピン(回転)が速くなるのも角運動量保存の法則の応用なのです。

Column　スイングバイ（フライバイ）航法

　真空の宇宙空間を飛ぶ探査機には力がはたらいていませんから，運動の第1法則により，一定の速度でまっすぐに飛び続けます。したがって，飛行の軌道を変えたり，速度を変えたりする場合には力を加える必要があります。普通は燃料を噴射して力を得るのですが，限られた燃料を節約するために，惑星の重力を利用して軌道を変更する方法があります。この方法を**スイングバイ**（または**フライバイ**）といいます。

　太陽を公転している惑星の後ろから近づき，その重力に引っ張られるような放物線軌道をとると，探査機の軌道が変わるだけでなく速度も上げることができます。逆に，公転している惑星の前を横切るような軌道をとると，探査機の速度を下げることができます。

　1997年に打ち上げられたカッシーニ・ホイヘンス土星探査機は金星で2回，地球で1回，さらに木星で1回スイングバイを行って速度を上げ（**加速スイングバイ**），およそ7年の歳月をかけて土星に到達しました。燃

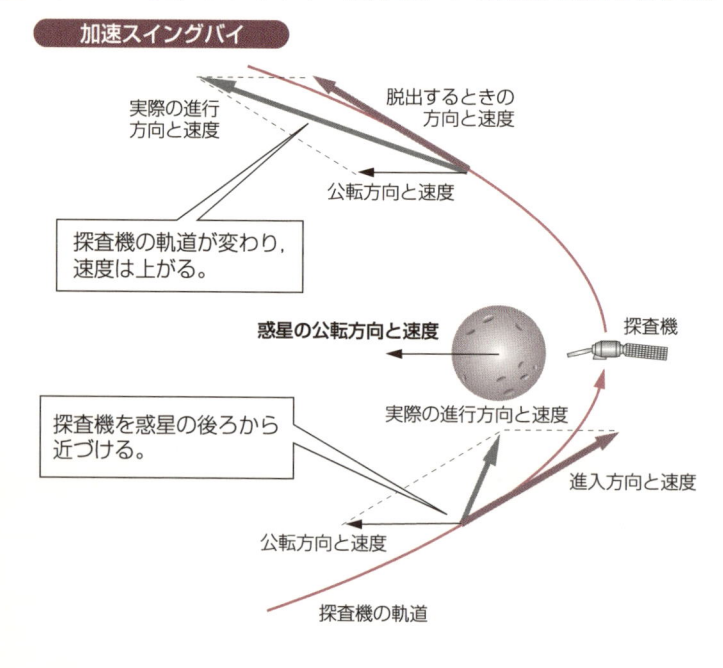

加速スイングバイ

- 実際の進行方向と速度
- 脱出するときの方向と速度
- 公転方向と速度
- 探査機の軌道が変わり，速度は上がる。
- 惑星の公転方向と速度
- 探査機
- 実際の進行方向と速度
- 探査機を惑星の後ろから近づける。
- 進入方向と速度
- 公転方向と速度
- 探査機の軌道

料を噴射するだけの自力の航法では，なし得なかったことです。また，土星到達時にも逆噴射をしながら，土星本体を使った**減速スイングバイ**を行ってその周回軌道に入りました。

　加速スイングバイで探査機の速度が上がるということは，運動量が増加したことを意味しています。どこから運動量を得ているのでしょうか？力のやりとりの前後で運動量は保存されますから，探査機はスイングバイに使った惑星から運動量を得たことになります。つまり探査機の速度が上がった分だけ，惑星の公転速度は遅くなったのです。しかし，運動量は**質量×速度**です。惑星の質量に比べて探査機の質量は，無視できるぐらい小さなものですから，一定の運動量の受け渡しがあったとしても，惑星の速度変化は無視できるぐらい小さなものでしかありません。よって惑星の公転運動はまったくといっていいほど変化しないのです。このように，運動量保存の法則をたくみに利用して，惑星探査機は飛行しています。

減速スイングバイ

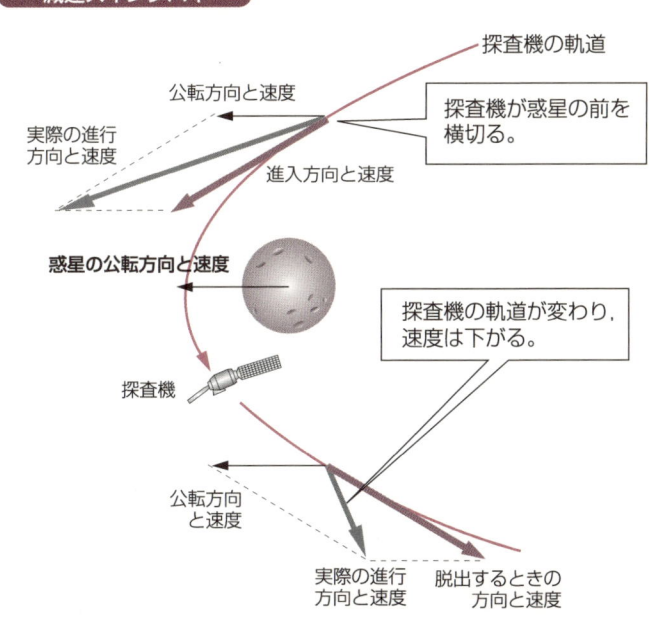

復習問題

❶ なかなか体感することはできませんが、私たちの住んでいる地球は、地軸を中心にして自転し、また、太陽を中心にして公転しています。では、それらの速度を求めてみましょう。

　ただし、地球の半径を6400km、太陽と地球の距離を1億5000万km、円周率を3.14とし、有効数字3桁で答えましょう。（→p.30）

(1) 赤道上での地球の自転速度は何km/hでしょうか。

(2) 北緯35度（日本付近）での地球の自転速度は何km/hでしょうか。なお、$\cos 35° = 0.8192$です。

(3) 地球の公転速度は何km/hでしょうか。

❷ 高い台の上に的を置き、その的に向かってボールを投げたところ、ボールを投げたと同時に、台の上にのせてあった的が倒れて地面に向かって落下し始めました。しかし、台にのっていた的をめがけて投げられたボールは、ちょうど手から離れてから0.5秒後に、地上から1.8mの高さのところで落ちてくる的に当たりました。的が地上から何mの高さのところに置いてあったのか求めてみましょう。

　ただし、重力加速度は9.8m/s^2とし、有効数字2桁で答えましょう。（→p.30）

❸ 24時間で赤道上を回る人工衛星があります。このような人工衛星は、地上からは相対的に静止しているように見えるので静止衛星といわれ、衛星放送の中継などに使われています。ところで、この静止衛星は、地表から何kmの高さを回っているのでしょうか。

　地球の質量を6.0×10^{24}kg、万有引力定数を$6.67 \times 10^{-11} \text{N} \cdot \text{m}^2/\text{kg}^2$、地球の半径を6400km、円周率を3.14とし、有効数字2桁で答えましょう。（→p.46）

解答例は221ページ

- エネルギーと熱への招待

第3章 無から動力を生み出すことはできない

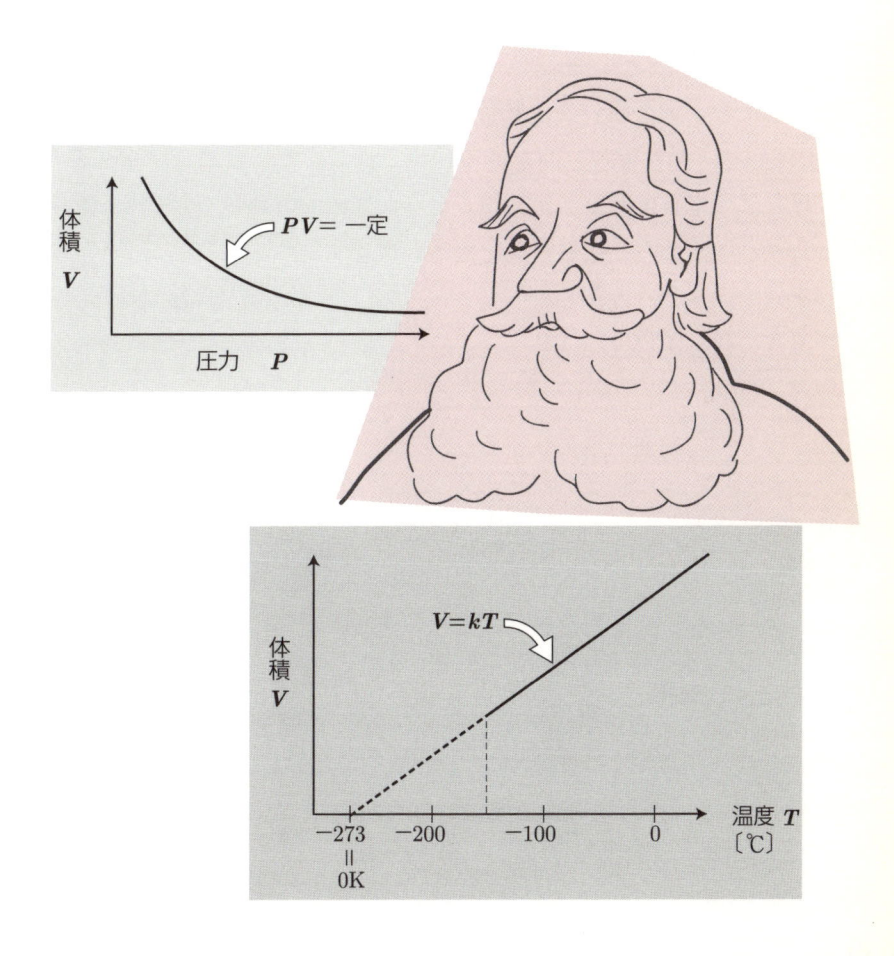

体積 V / 圧力 P — $PV=$ 一定

体積 V / 温度 T〔℃〕 — $V=kT$

$-273 = 0K$, -200, -100, 0

ようこそ物理室へ
仕事よりもパワーだ!!

"仕事"という言葉は，日常生活においても，「あ〜ぁ，今日の仕事はつらかった」というように，よく使われます。しかし，仕事がつらかったか楽だったかは，同じ仕事をしても感じ方は人それぞれで，客観的なものではありません。したがって，物理で使用されるときの"仕事"は，日常の使われ方とは意味も内容も違ってきます。

物理では，力を加え続けて，**物体が力の向きに移動したときに**，"仕事をした"と定義し，記号W〔単位はJ（ジュール）〕で仕事を表します。移動という状態の変化がなければ，本当に力を加えたのかどうか客観的に判断できませんから，移動した量と加えた力で仕事の量を測るわけです。

これを式で表すと，大きさF〔N（ニュートン）〕の力を加えて，物体が力の向きにs〔m〕移動したときの仕事W〔J〕は，

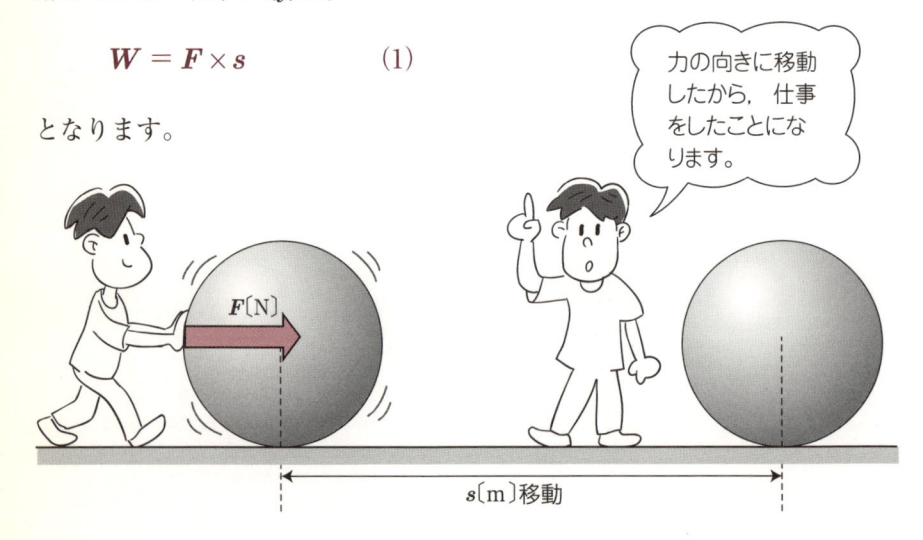

$$W = F \times s \qquad (1)$$

となります。

力の向きに移動したから，仕事をしたことになります。

つまり，1〔N〕の力で1〔m〕動かしたときの仕事が1〔J〕であり，水の入ったバケツを持って廊下に立たされていても，移動していないので仕事をしたことにはなりませんし，ピクリとも動かない重い岩を一生懸命押しても仕事をしたことにはならないのです。何だか私たちの日常経験と反していますね。

　岩を押せばたとえ動かなくても汗はかくし，大変疲れますから仕事をした気になります。しかし，変化がない場合には，横で寝ていた場合と結果的には差がないので，仕事をしたとは認められないのです。**力の方向にどれだけ移動したか**が重要です。

　したがって，バケツを持ち上げたまま運んだとしても，このときも仕事をしたことになりません。バケツを持ち上げる力は上向きで，歩いて運ぶ向きは水平方向であり，力の向きに移動していないからです。しかし，バケツを持って階段を上がったときは，仕事をしたことになります。バケツを持ち上げている上向きにも移動しているからです。

第3章　無から動力を生み出すことはできない

　同じ仕事をしても，はやくできる人も時間がかかる人もいます。**時間あたりにする仕事の量を仕事率（パワー）といい，記号P（単位$\overset{\text{ワット}}{\text{W}}$）で表します。**簡単にいうと，仕事の能率のことです。

　これを式で表すと，時間t〔s〕の間にW〔J〕の仕事をしたときの仕事率P〔W〕は，次の式で表されます。

$$P = \frac{W}{t} \tag{2}$$

　この式から，同じ仕事でも短時間で仕上げることができれば，"パワーがある"，"馬力がある"ということが想像できますね。ちなみに馬力も，仕事率の単位です。18世紀に蒸気機関の仕事率を数字で表すために，当時重いものを運ぶときに使われていた馬の力を基準に決められました。ただし，イギリスとフランスで少し値が違っており，

　　英馬力　　1 HP＝550〔ft・lb/sec〕＝0.746kw＝746w
　　仏馬力　　1 PS＝75〔kgf・m/sec〕＝0.7355kw＝736w

です。自動車のエンジンなどの性能を表すのに，現在も使われています。

　また，仕事率の単位Wは，**消費電力**の表示として日常生活でも，"100Wの電球"とか"500Wの電子レンジ"といった具合に使われています。**消費電力は単位時間あたりに使ったエネルギーのことであり，それが仕事率で表せるということは，エネルギーと仕事は同等の概念ということになります。**

■ 楽をしても結局は同じ ■

　重いものを持ち上げるとき，滑車を使うと小さな力で持ち上げることができ，楽をした気分になれます。しかし，"仕事"として考えた場合には，得をしたことにはなりません。

　動滑車の例で確かめてみましょう。おもりをある高さまで引き上げる場合，下の図で，ひもを引く力の大きさは確かに重さの2分の1となりますが，ひもを引く長さは2倍になります。仕事は，力の大きさと移動距離のかけ算ですから，直接引き上げるときと仕事は変わらないのです。これはてこを使う場合も同じです。支点からおもりまでの距離の2倍の場所に力を加える場合には，直接持ち上げるときの2分の1の力でおもりを持ち上げることができます。しかし，同じ高さまで持ち上げるためには2倍の距離だけてこを押し続けなければなりません。

　このように，様々な道具を使うと加える力を小さくすることができますが，動かす距離は長くなり，結果的に仕事の量は同じになります。これを**仕事の原理**といいます。

　私たち人間は，小さな力で済むほうがずっと楽に感じるので，道具を使って長い距離を動かすほうを選択しがちですが，物理的な仕事の量はどちらも同じなのです。ここにも，仕事の概念と同じように，物理の考え方と人の感覚とのずれがあります。

1 力学的エネルギー
エネルギーが保存される？

仕事とエネルギー

　エネルギーはあらゆる科学の分野をつなぐ，最も基本的な概念です。エネルギーは，宇宙を構成する全ての物質（もちろん生物も）を動かすもとになっています。また，"エネルギー問題"として，現代社会と深い関連があります。ところが，このエネルギーは，抽象的な概念でもあります。

　エネルギーは，熱や光の場合は感じることはできても，具体的なものとして持ち上げたりさわったりすることができません。それだけにわかりにくいこともありますが，運動・熱・電気……どのような現象にでも現れる重要な概念です。では，エネルギーをどのように定義すればよいでしょうか。

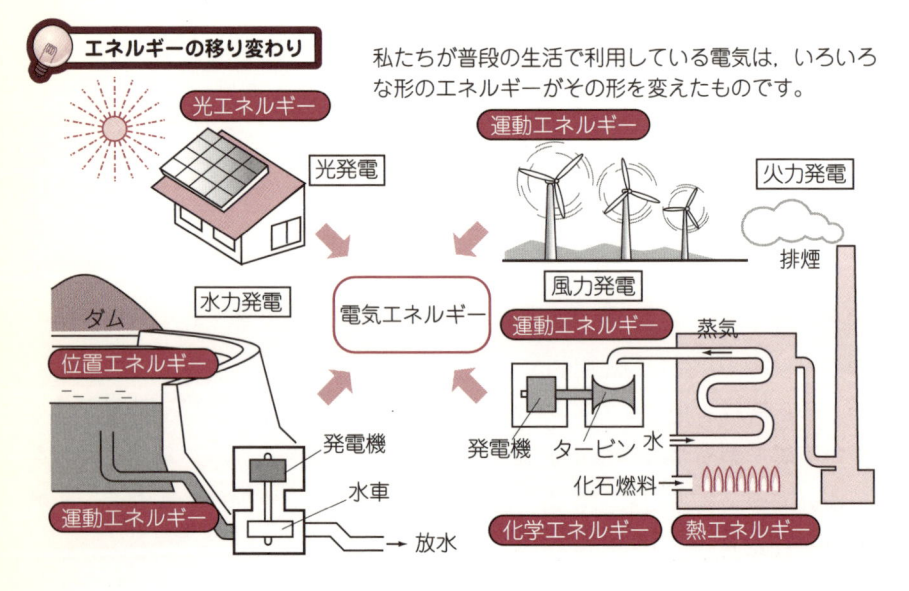

エネルギーの移り変わり

私たちが普段の生活で利用している電気は，いろいろな形のエネルギーがその形を変えたものです。

光エネルギー　光発電
運動エネルギー　風力発電
火力発電　排煙
水力発電　ダム　位置エネルギー　運動エネルギー　発電機　水車　放水
電気エネルギー
運動エネルギー　発電機　タービン　蒸気　水　化石燃料
化学エネルギー　熱エネルギー

第1節　エネルギーが保存される？

　エネルギーという言葉は，最初，"力"や"活力"という言葉で表現されており，**衝突のときに保存される量**の研究を通して生まれてきました。

　衝突の前後では運動量が保存され，この運動量は速度に比例することは，第2章の第5節で見てきました。ニュートンとフランスの哲学者デカルトは，運動の勢いを表すものとして，この運動量を考えましたが，同時代に活躍したドイツの哲学者ライプニッツは，速度の2乗に比例する量も衝突の前後で保存するとして，それを活力（かつりょく）と呼び，運動の勢いを表すのにはどちらが適切か，半世紀以上にも渡って議論されていました。

　やがて衝突における2つの型が区別され，**運動量はどんな衝突でも保存される**のに対し，**活力は衝突前後での相対的な速度が変わらない完全弾性衝突（かんぜんだんせいしょうとつ）では保存されますが，相対速度が変わってしまう非弾性衝突では保存されない**ことが発見されました。これにより，運動量こそが運動の勢いを表す概念となりました。では，活力は何を表しているのでしょうか。

　物体が距離sだけ進んで静止した場合を考えてみましょう。止まるということは，進行方向と逆向きに力Fがはたらいた加速度運動で，速度vは，初速度v_0から$v=0$に変化しています。よって，等加速度直線運動を求める式 $v = v_0 + at$（→p.24）から次の(3)式となり，(3)式を整理して(4)式となります。

$$0 = v_0 + at \quad (3)$$

$$t = -\frac{v_0}{a} \quad (4)$$

　そして，(4)式を，移動距離を求める式 $s = v_0 t + \frac{1}{2}at^2$（→p.24）に代入して整理すると，

$$v_0^2 = -2as$$

$$a = -\frac{v_0^2}{2s} \quad (5)$$

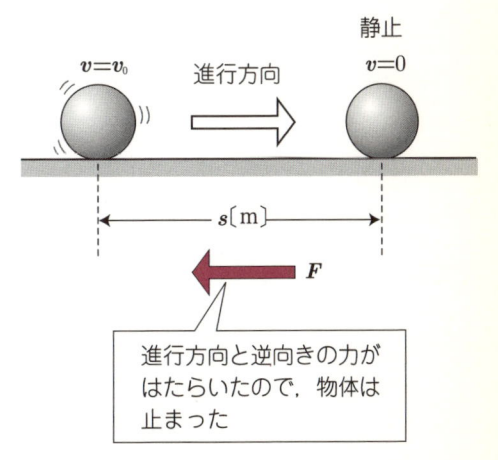

進行方向と逆向きの力がはたらいたので，物体は止まった

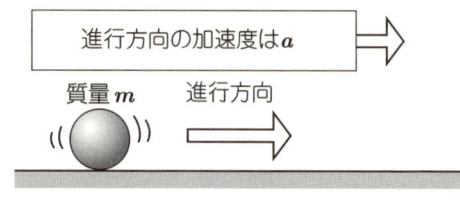

第3章　無から動力を生み出すことはできない

また，進行方向と逆向きの力なので，力Fは $F=-ma$（→p.39）と表せ，これに(5)式を代入すると，

$$F=\frac{mv_0^2}{2s} \qquad (6)$$

(6)式を整理すると，

$$Fs=\frac{1}{2}mv_0^2 \qquad (7)$$

となります。

　単純な式の変形に見えますが，その意味するところは重大です。(7)式の左辺は速度の2乗に比例する量ですから，これが従来の**活力**に相当するものであり，あらためて（係数の$\frac{1}{2}$も含めて）**エネルギー**と定義します。すると，(7)式の右辺は"力×距離"ですから，仕事そのものを表しています。

　このように，"エネルギー"を"仕事"と結びつけて説明できるようになってはじめて，エネルギーの意味も明らかになりました。高い棚の上の荷物が頭の上に落ちてきたときや，スピードを出した自転車がぶつかってきたとき，けがをするくらい痛い思いをします。これも衝突時の力による仕事です。この意味で，棚の上の荷物や走っている自転車は**仕事をする能力**をもっており，物体が仕事をする能力をもっているとき，この物体は**エネルギーをもっている**といいます。つまり，棚の上の荷物や走っている自転車は，エネルギーをもっているというわけです。

第1節 エネルギーが保存される？

隠れた可能性をもっています ── 位置エネルギー

それでは，棚の上の荷物のように，高い位置にある物体のもつエネルギーを表す式を仕事から求めてみましょう。

質量m〔kg〕のおもりを高さh〔m〕まで引き上げます。おもりを持ち上げるためには，おもりにはたらく重力mg〔N〕(gは重力加速度で9.8m/s^2）に逆らって，h〔m〕動かすわけですから，持ち上げるための仕事W〔J〕は，p.64の(1)式と$F=mg$（→p.40）より，

$$W = mg \times h \qquad (8)$$

となります。

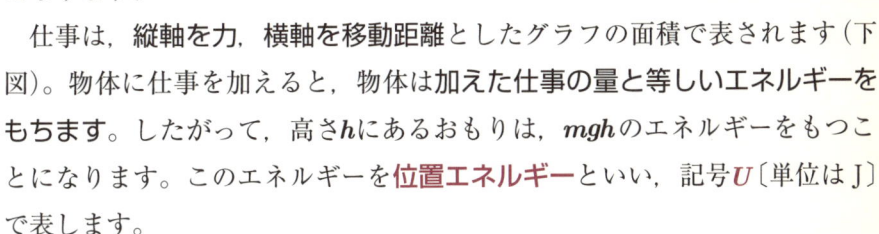

仕事は，縦軸を力，横軸を移動距離としたグラフの面積で表されます（下図）。物体に仕事を加えると，物体は加えた仕事の量と等しいエネルギーをもちます。したがって，高さhにあるおもりは，mghのエネルギーをもつことになります。このエネルギーを**位置エネルギー**といい，記号U〔単位はJ〕で表します。

つまり，地面から高さh〔m〕にある質量m〔kg〕の物体の重力による位置エネルギーU〔J〕は，地面を基準にとると，

$$U = mgh \text{〔J〕} \qquad (9)$$

と表されます。

なお，位置エネルギーは，**ポテンシャル・エネルギー**ともいいます。"ポテンシャル"とは"潜在的な"とか"可能性"という意味です。

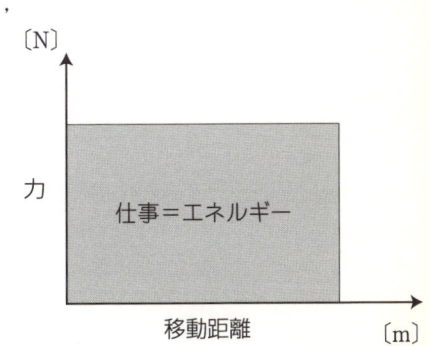

第3章　無から動力を生み出すことはできない

　では，逆に高さhから物体が落下すると，どうなるでしょうか。物体は落下した分だけエネルギーを失います。そして，そのエネルギーの分だけ仕事をすることができます。

　山の上で動かない大石も山のふもとを基準にすると，位置エネルギーをもっています。もし大石が転がり落ちれば，大変な仕事をする（大変な災害をもたらす）ことになります。そういった"可能性"や"能力"を"潜在的な"エネルギーとして表すのです。

　したがって，落下する物体は，位置エネルギー以上の仕事はできませんから，大石の質量と高さがわかっていれば，万が一の場合の災害の規模を予想することができますし，どのぐらいの強度の防護ネットを張ればよいかが計算できます。また，水力発電は，この位置エネルギーの有効利用のよい例です。水量とダムの高さがわかれば，発電規模を推定することも可能です。

　位置エネルギーには様々な形があり，特定の種類の力と結びついています。例えば，ゴムを伸ばして石を飛ばすパチンコや，ばねを引き伸ばすエキスパンダーは，ゴムやばねの弾性力による位置エネルギーを利用しています。ばねを引っ張って伸ばそうとすると，ばねの伸びx〔m〕に比例する力が必要になります。よって，ばねを伸ばすときの力は比例定数をkとすると，

$$F = kx \qquad (10)$$

と表されます。

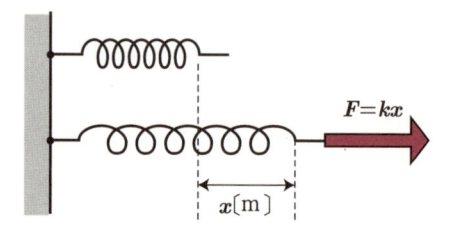

第1節　エネルギーが保存される？

　このように，重力の場合は$F=mg$と，力は移動距離にかかわらず一定でしたが，ばねの場合はのびに比例した力がはたらくのです。つまり，横軸を変位（移動距離），縦軸をはたらく力としてグラフをかくと，ばねがx〔m〕伸びたときにもつ弾性力による位置エネルギーUは，右の図に示された部分の面積になり，

$$U = \frac{1}{2}kx^2 \qquad (11)$$

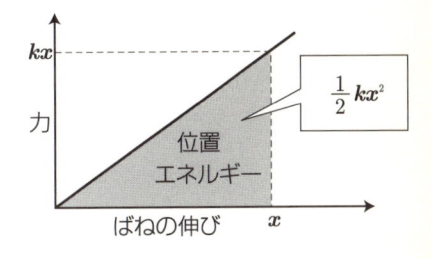

と表されます。

走れ，走れ，エネルギーが尽きるまで ── 運動エネルギー

　次に，運動する物体のもつエネルギーを考えてみましょう。p.70の(7)式$\frac{1}{2}mv_0^2 = Fs$は，速度v_0をもつ質量mの物体が静止するまでにする仕事を表していました。

　さて，仕事とエネルギーが同等であることは先にも述べました。つまり，(7)式こそが運動する物体がもつエネルギーにほかならないのです。そして，このエネルギーを**運動エネルギー**といい，記号K〔単位はJ〕で表します。

　よって，運動エネルギーK〔J〕は，

$$K = \frac{1}{2}mv^2 \qquad (12)$$

と表されます。

　運動エネルギーが，速さの2乗に比例していることがわかりますね。これから，自動車が急ブレーキをかけて停止するまでの距離は運動エネルギーに関係しているので，速さが2倍になると，止まるまでの距離も4倍になることがわかります。

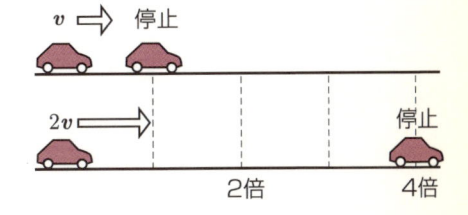

さらに，自動車事故の規模も，衝突時になされた仕事，すなわち自動車がもっていた運動エネルギーと関係があります。速さが2倍になると事故の規模は4倍です。スピードの出しすぎが恐ろしいわけがおわかりでしょう。このように，物理は日常生活にも隠れているのです。

■ **運動量と運動エネルギー** ■　ところで，**運動量と運動エネルギー**の違いはおわかりでしょうか。**運動量には向き（速度の向き）があり**，力積「力×時間」と同等です（→ p.55）。

$$運動量：mv = Ft \qquad 第2章（42）$$

対して，**運動エネルギーには向きがなく**，仕事「力×距離」と同等です。

$$運動エネルギー：Fs = \frac{1}{2}mv_0^2 \qquad (7)$$

1節の冒頭でデカルトとライプニッツの論争を紹介しましたが，運動の勢いを運動の持続時間で表すなら運動量が適切となり，運動し続けた距離で表すなら運動エネルギーが適切ということになります。

ジェットコースターは山をこえ谷を走る ── 力学的エネルギーの保存

ジェットコースターには，エンジンがありません。最高点まで上がったコースターは，すべり始めると次第にスピードが増し，最下点で一番スピードが速くなります。コースターは外から重力以外の力を受けて速度を上げているのではなく，**位置エネルギーを運動エネルギーに変えて速度を得ている**のです。このときの位置エネルギーと運動エネルギーの関係は，

最高点	位置エネルギー：最大	運動エネルギー：0
最下点	位置エネルギー：0	運動エネルギー：最大

となります。コースターが最高点から下り始めると，位置エネルギーと運動エネルギーはお互いに移り変わっていきます。これは，消えたようにみえた

位置エネルギーが，運動エネルギーとして現れたことになります。つまり，エネルギーはその形を変えることができるのです。

しかし，この間でも，**位置エネルギーと運動エネルギーの和**(この和を**力学的エネルギー**といいます)**は一定**で，増えたり減ったりしません。これを**力学的エネルギー保存の法則**といい，次のようにまとめられます。

> **力学的エネルギー保存の法則**
> 　物体が重力や弾性力だけを受けて運動するとき，
> 物体の運動エネルギーと位置エネルギーの和は一定に保たれ，
> 運動エネルギーを K [J]，位置エネルギーを U [J] とすると，
> 　$K+U=$ 一定　　　　　　　　　　　　　　　　　　　　(13)
> となる。

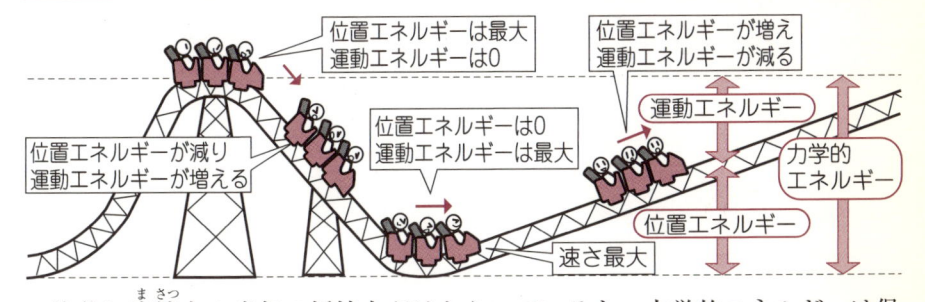

物体に摩擦力や空気の抵抗力がはたらいていると，力学的エネルギーは保存されず，次第に減少します。現実には摩擦や空気の抵抗をなくすことはできませんので，力学的エネルギーが保存されるのは，理想的な場合だけです。

では，摩擦や空気の抵抗によって失われたエネルギーはどこへいってしまうのでしょうか。ものをこすれば熱くなり，摩擦によって熱が発生します。**力学的エネルギーは仕事に変わるだけでなく，熱にも変わっていくのです。**
したがって，エネルギーをトータルに考えるには熱も考慮に入れる必要があります。物理的に見た"熱"とは，何なのでしょうか。第2節では，熱について考えていきます。

2 熱エネルギー
エネルギー ただいま領土拡大中

今日は熱があるので休みます —— 熱と温度

「熱とは何か。熱素の流れである」これが，19世紀はじめまでの解答でした。熱素は重さがない粒子で，元素(物質をつくる基本単位)の1つと考えられていました。熱素が流れ込むと物体の温度が上がるというように，熱素のはたらきで，熱に関係する様々な現象が説明されました。一方，"熱は物質ではなく，何かの運動である"という考えも，17世紀には始まっていました。

この論争に決着をつけようとしたのが，18世紀末に行われた**ランフォード**の実験です。ランフォードは，大砲の砲身の先に水を満たした箱を取りつけ，刃のあまり鋭くないドリルを砲身の中にあてて砲身を回転させました(下図参照)。すると，徐々に水の温度は上昇し，とどまることなく2時間半で沸騰してしまったのです。

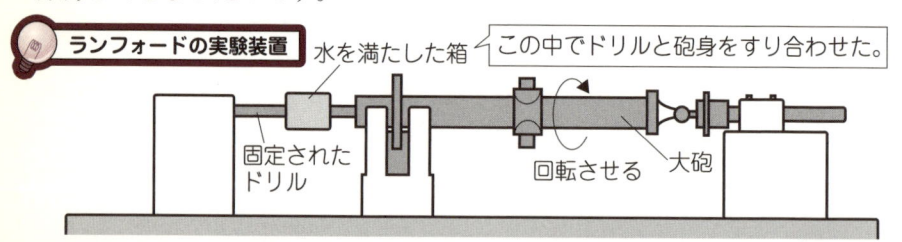

ランフォードの実験装置

水を満たした箱　この中でドリルと砲身をすり合わせた。
固定されたドリル　回転させる　大砲

もし熱素によって温度が上がったとすると，熱素を供給するもとがあるはずであり，そのもとがなくなると，温度上昇は止まるはずでした。この実験は，**熱は運動(摩擦も運動です)によって，尽きることなくつくられる**ことを見事に示していました。

それでは，摩擦するとき，物体の中の何が運動しているのでしょうか。

第2節　エネルギーただいま領土拡大中

物質は**分子**※（や**原子**※など）から構成されており，どの状態にあっても，分子は運動しています。このような運動（飛び回る運動だけでなく，回転や振動も含みます）を**分子の熱運動**といいます。

※**分子**は，物質の性質を示す最も小さい単位で，**原子**は，分子をつくっている，それ以上分割することのできない最小の粒のことです。

高温の物体と低温の物体を接触させると，**熱運動が高温の物体から低温の物体に伝わ**り，この伝わっていくものを**熱**といいます。摩擦すると表面がこすられ，表面の分子の運動が激しくなり，この運動が（熱として）周囲に伝わり，周囲の温度を上げるというわけです。

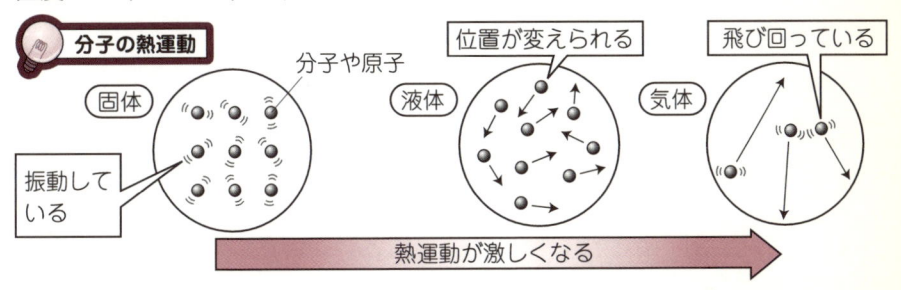

分子の熱運動

固体：振動している　分子や原子
液体：位置が変えられる
気体：飛び回っている
→熱運動が激しくなる

熱と温度は似たような概念であり，日常生活の中ではときどき混同して使われますが，物理の世界では注意が必要です。温度は，ものの温かさや冷たさを表しますが，私たちの"温かい"，"冷たい"という感覚は，まわりの状況によって変わってしまいます。例えば，水温が同じ20度の水なのに，夏は冷たく，冬は温かく感じます。したがって，感覚に左右されない客観的な基準が必要とされて，**温度**が定義されたのです。

つまり，温度は**物体の温かさ冷たさの度合い**を示すもので，日常的には**セルシウス（セ氏）温度**〔単位は℃〕を使います。16世紀にスウェーデンのセルシウスが，1気圧における水が凍る温度（**融点**ゆうてん）を0℃，水が沸騰ふっとうする温度（**沸点**ふってん）を100℃として，その間を100等分して決めました。**摂氏**とも書きますが，これはセルシウスの中国表記"摂爾修"に由来しています。

第3章 無から動力を生み出すことはできない

一方，熱は，"高温の物体にあるもの"ではなく，"**移動するもの**"です。高温の物体から低温の物体に移動した何かを"熱"と呼ぶのです。

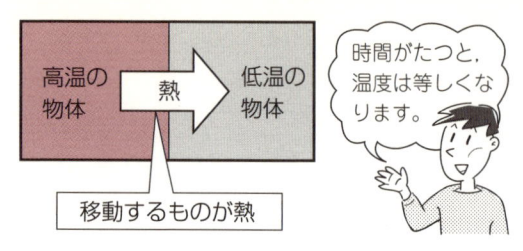

> 時間がたつと，温度は等しくなります。

よって，「今日は熱があるので休みます」は，物理的に考えると正しい使い方ではありません。正しくは，「今日は体温が高いので休みます」となります。

熱もエネルギーである ── 熱と仕事

ランフォードは実験で，運動すなわち**力学的な仕事が熱に変わる**ことを示しました。さらに，どれだけの量の熱がどれだけの仕事に相当するかを計算しましたが，正しい値は得られませんでした。その値を様々な実験から，正しく導き出したのがイギリスの物理学者**ジュール**です。下の図は，最も有名な実験装置です。

おもりが落下すると，容器の中の回転翼が水をかき回し，摩擦が生じて水の温度が上がります。つまり，おもりの落下による仕事によって熱が発生しているのです。

このジュールの実験により，現在では仕事の量も熱の量も，単位は J（ジュール）が用いられています。しかし，仕事と熱がイコー

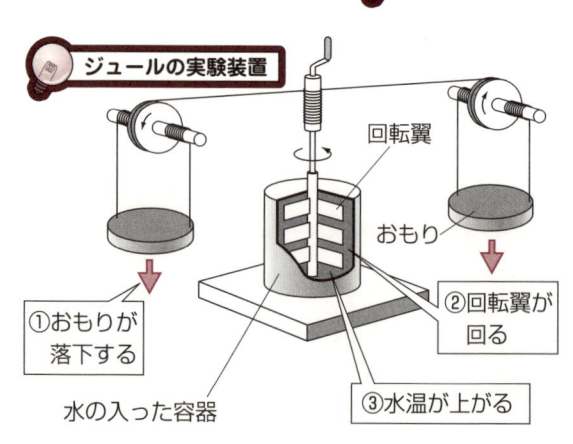

ルであることが証明される以前は，熱の量の単位には cal（カロリー）が用いられていました。ジュールは，この J と cal の関係を，実験からおよそ 1cal = 4.2J であることを求めました。この J と cal の関係を**仕事当量**（とうりょう）といいます。

ところで，「ヒト1人が発熱する熱の量は，100W の電球1個分である」という話を聞いたことがありませんか。これは，仕事当量から導くことができます。成人男性の1日当たりの基礎代謝量（たいしゃ）※は，およそ 1500kcal（キロカロリー）（= 1500000cal）です。これを J に換算すると，

$$1500000 \times 4.2 = 6300000 \text{〔J〕}$$

となります。

1日は 24〔時間〕× 60〔分〕× 60〔秒〕= 86400〔秒〕ですから，仕事率は，p.66の(2)式 $P = \dfrac{W}{t}$ より，

$$P = \dfrac{6300000}{86400} = 73 \text{〔W〕}$$

となります。

※**基礎代謝量**とは，心臓を動かしたり，呼吸したり，体温を維持したりと，生きていくために最低限必要なエネルギーのことです。

400Wの電気ストーブの消費するエネルギーと成人男性4人が消費するエネルギーがほぼ等しい

なお，基礎代謝量は，ヒトが1日に消費する全エネルギーのうちの約70％だといわれています。つまり，上の計算から73W が基礎代謝量なので，成人男性が1日に消費するエネルギーを1秒当たりに換算すると約100W だといえます。つまり，同じ部屋に4人の大人が座っているだけで，400W の電気ストーブ並みの発熱があるわけです。

ジュールの実験は，力学的な仕事が熱に変わったことから，**熱もエネルギーの1つの形**であることを示していました。

また，ジュールは電流による熱の発生も実験し，同じ値の熱の仕事当量が得られました。つまり，**電気もエネルギー**なのです。

こうして，エネルギーの概念が，物理の各分野をつなぐ鍵となったのです。

第3章　無から動力を生み出すことはできない

熱しやすく冷めやすい ── 比熱と熱量

温度が変化すると，熱が出入りします。このとき出入りする熱量※（熱エネルギー）を表す式を考えましょう。

まずは同じ物体の温度を上げる場合を考えましょう。物体の質量が大きいほど大きな熱量が必要であることは経験的にわかりますね。より高い温度にする（温度の変化を大きくする）ためには，大きな熱量が必要になることも経験的に理解できると思います。

※熱量という言葉は，一般に，熱の量を数字で表すときに使われます。

では，物質が違う場合，例えば金属と水では温まり方はどうでしょうか。やかんに水を入れて沸かす場合を思い出すと，やかんだけならすぐに熱くなるのに，中の水はなかなか温まりませんね。

同じ時間に同じだけ温度を上げるには，質量の大きいものほど大きな熱量が必要です。

鉄は温まりやすい。

水は温まりにくい。

このように，物質によって，温まり方には差があるのです。この物質による温まり方の違いを示す量として**比熱**が用いられます。比熱は，**物質1gの温度を1 K（1℃）上げるのに必要な熱量**のことで，記号c〔単位はJ/g・K〕で表します。ここで温度の単位としてケルビン（記号はK）を使っていますが，詳しくは後ほど説明します（→p.85）。セ氏とケルビンでは温度差のきざみは同じなので"1度上げる"といった場合に，どちらの単位を使っても差はありません。

では，熱量を式に表してみましょう。質量m〔g〕，比熱c〔J/g・K〕の物体の温度がT〔K〕だけ変化するとき，出入りする熱量Q〔J〕（エネルギーと同じ単位）は次の式で表されます。

$$Q = mcT \tag{14}$$

この式から，比熱が小さくなるほど熱量が小さくなるので，温まりやすく，また冷めやすくなるのがわかります。油の比熱は水の半分くらいです。天ぷらを揚げようとするとき，油の温度がすぐに高くなるのは比熱が小さいためです。

大陸性の気候と海洋性の気候の違いも比熱で説明できます。岩石の比熱は，海水の4分の1以下です。そのため同じように太陽が照らしても，陸地は海水より温まりやすく冷めやすいので，陸地のほうが1日のうちの寒暖の差が大きくなるのです。また海岸で，昼は海風，夜は陸風が吹き，朝夕に凪があるのも比熱のためです。昼は温まりやすい陸地で上昇気流が起こるため海から風が吹きます。逆に，夜は冷めにくい海側で上昇気流が起こるため陸から風が吹くのです。なお，水はどんな物質よりも比熱が大きく（水の比熱は4.2 J/g・K），温まりにくく，冷めにくい性質をもっています。

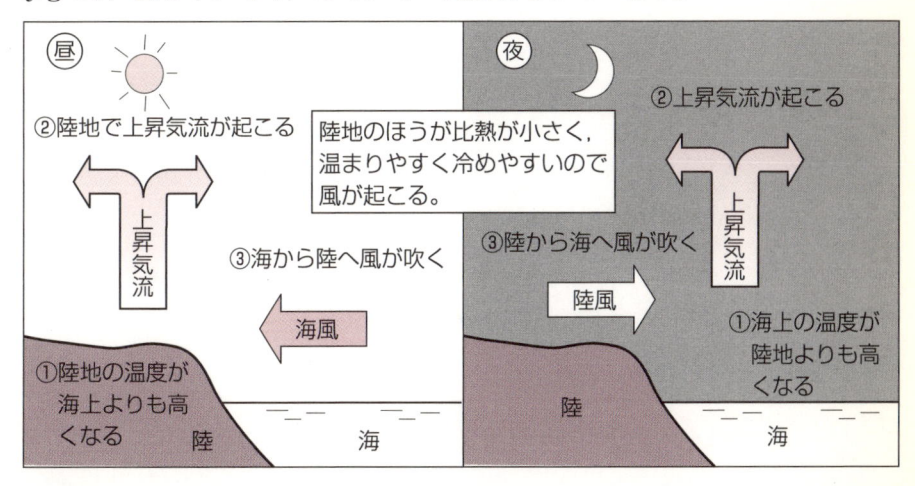

第3章　無から動力を生み出すことはできない

外に現れない熱 —— 潜熱

　さて，ものを加熱していくと，必ずいつも温度が上がるわけではありません。たとえば，氷が融けるときは氷が融けきるまで温度は変わりませんし，水が沸騰している間も，いくら熱を加えたところで温度は一定のままです（下図参照）。熱はいったいどこに消えたのでしょうか。

　実は，物質が固体から液体になるときと液体から気体になるとき，つまり状態変化（物質が温度によって状態を変えること）するとき，物質内の分子間の結合の仕方が大きく変わります。分子間の結合の仕方を変化させるには大きなエネルギーが必要であるため，熱は状態を変化させるのに使われてしまうのです。このとき使われる熱を**潜熱**といいます。"外に現れない"という意味です。たとえば，氷1gが水に変わるときは約330Jの熱が，水1gが水蒸気に変わるときは約2300Jの熱がそれぞれ使われているのです。

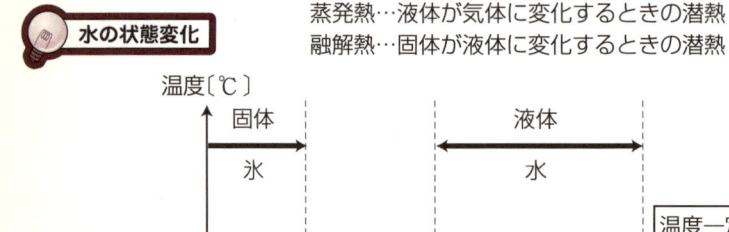

水の状態変化

蒸発熱…液体が気体に変化するときの潜熱
融解熱…固体が液体に変化するときの潜熱

温度〔℃〕

固体：氷
液体：水
気体：水蒸気

沸点 100 ＝ 液体から気体に変化するときの温度
融点 0 ＝ 固体から液体に変化するときの温度

温度一定
蒸発熱 2285J/g

水の比熱 4.2J/g·K

温度一定
融解熱 335J/g

加える熱

では，0℃の水1gを100℃まで加熱するのに必要な熱量を計算して，水の状態変化における潜熱の大きさについて見てみましょう。

(14)式より，

$Q = mcT$
$= 1 〔g〕× 4.2 〔J/g・K〕× 100 〔℃〕$
$= 420 〔J〕$

となります。

この値に比べると，潜熱がいかに大きいかがわかると思います。

おもしろい物理実験に，"ビーカーに入れた鉛をバーナーで融かし，そこに一瞬指をつけてもやけどをしない"というものがあります。鉛の融点は328℃ですから，普通ならすぐにやけどをしてしまいます。では，どうしてやけどをしないのでしょう。

種あかしは，一緒に用意した水とアルコールにあります。人差し指を水かアルコールにつけてから融かした鉛の中につっこむのです。水だと少し温かみを感じますが，アルコールの場合は全く熱くありません。これは液体から気体への状態変化に必要な潜熱が大変大きいためです。

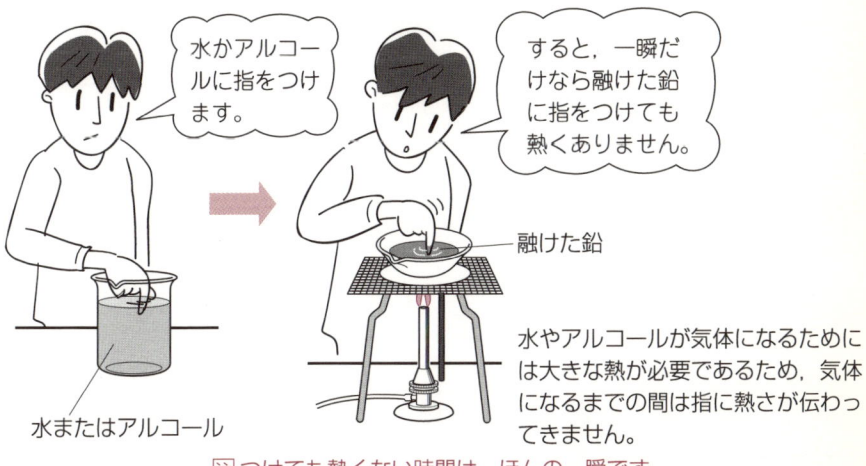

水かアルコールに指をつけます。

すると，一瞬だけなら融けた鉛に指をつけても熱くありません。

融けた鉛

水またはアルコール

水やアルコールが気体になるためには大きな熱が必要であるため，気体になるまでの間は指に熱さが伝わってきません。

注 つけても熱くない時間は，ほんの一瞬です。

3 エネルギー保存の法則
エネルギーはなくならない

絶対零度で気体の体積が0？ — ボイル・シャルルの法則

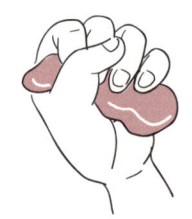

　ゴムボールを力いっぱい握ると，ゴムボールからも手に力がはたらいて，完全に握りつぶすことができません。しかし，ゴムボールをはさみで切りさいてしまうと，簡単に握りつぶすことができます。このことから，ゴムボールから手にはたらいた力は，ゴムの力ではなく，ゴムボールを握ったことで，中の気体の体積が無理やり小さくされたために，気体がもとの体積に戻ろうとして起こった気体の力であることがわかります。

　このときの空気の力を**圧力**といい記号 P〔単位は Pa（パスカル）〕で表します。圧力は重力や摩擦力などの力の種類ではなく，"単位面積あたりの力" のことです。これをイギリスの**ボイル**は，次のように表現しました。

> **ボイルの法則**
> 　気体の体積は圧力に反比例する。
> 体積を V，圧力を P とすると，
>
> $$PV = 一定 \qquad (15)$$

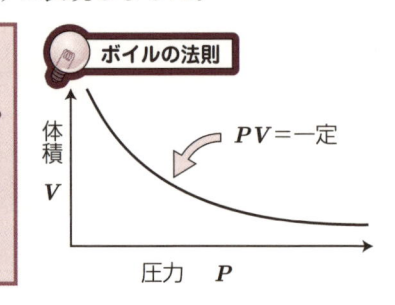

ボイルの法則

$PV = 一定$

第3節　エネルギーはなくならない

次に，空気の抜けてしまったゴムボールを温めてみましょう。するとパンパンに膨れ，新品に戻ったように思えます。しかし，冷えるともとの空気の抜けたゴムボールに戻ってしまいます。つまり，ゴムボールを温めたことで中の空気の温度が上がり，気体の体積が膨張したことがわかります。この現象をフランスの**シャルル**は次のように表現しました。

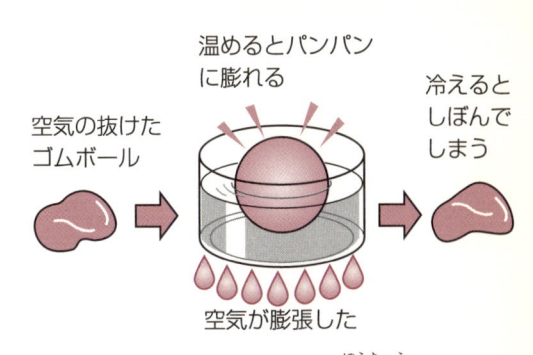

シャルルの法則

気体の体積は温度に比例する。
体積をV，温度をT，比例定数をkとすると，(16)となる。

$$V = kT \tag{16}$$

ただし，ここでの温度は，**絶対温度**であることに注意してください。

さて，絶対温度とは何でしょうか。体積と温度との関係を表している下のグラフを見てください。グラフには，実験で求められた値をもとに$V = kT$のグラフを延長してみる（温度を下げる）と，$-273℃$のとき体積が0になることが示されています。絶対温度とは，この仮想的に体積が0になるときの温度を0〔K〕とし，温度差1Kを1℃に等しくとった温度目盛りのことをいいます。しかし，実際は体積が0になる前に気体は液体に状態変化するので，体積が0になることはありません。

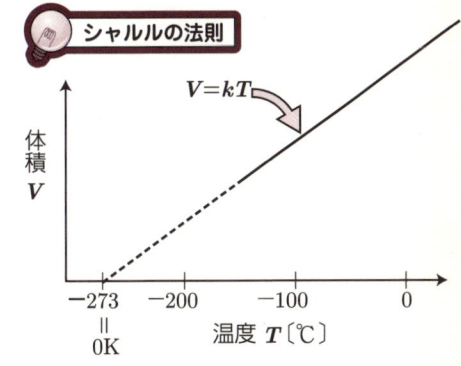

シャルルの法則

$V = kT$

体積 V

-273（$=0K$）　-200　-100　0　温度 T〔℃〕

なお，0 Kは**分子の熱運動が停止する温度**になります。運動が停止した状態よりエネルギーが低い状態はありえませんので，これ以下に温度を下げることは原理的に不可能です。このようにして絶対的に最低の温度が決められてしまうのです。ちなみに，セルシウス温度t〔℃〕（→p.77）と絶対温度T〔K〕の間には，

$$T = 273 + t \tag{17}$$

の関係があります。つまり，0℃は273Kであり，地球の平均気温を20〜30℃とすると，地球の温度はおよそ300Kとなります。

以上より，ボイルとシャルルの法則を組み合わせると次のようになります。

ボイル・シャルルの法則

気体の体積は絶対温度に比例し，圧力に反比例する。
体積をV，絶対温度をT，圧力をPとすると，(18)式となる。

$$\frac{PV}{T} = 一定 \tag{18}$$

また，定数をRとすると，(19)式となる。

$$PV = RT \tag{19}$$

この(19)式は**気体の状態方程式**といい，Rは**気体定数**（$R = 8.31$〔J/mol・K〕ジュール毎モル毎ケルビン）と呼ばれ，**気体の種類に関係なく一定の値**になります。なお，mol（モル）は物質の量を表す単位で，molで表した量を**物質量**といい，1 molの気体には6.02×10^{23}個の元素が含まれます。

ミクロからマクロへ ── 気体の分子運動

普段なにげなく用いている"気圧"や"気温"ということばがあります。この気圧（気体の圧力）と気温（気体の温度）は，どのようにして生じているのでしょうか。

第3節　エネルギーはなくならない

　先に結論をいいますと，**気圧は気体分子が壁に及ぼす力**で，**気温は気体分子の運動エネルギー**です（下図参照）。ここでは，このミクロの視点での気体分子とマクロの視点での気圧と気温の関係を見ていきます。

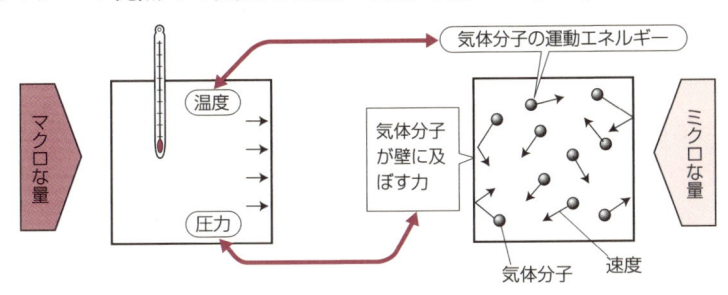

　手に持てるほどの一辺30cmの立方体に空気を閉じ込めた場合を想像してください。この容器内の気体の状態は，ボイル・シャルルの法則が示すように，気体の種類に関係なく圧力・体積・絶対温度で表されます。ところが，ミクロの目で見ると，容器内では1兆倍の1兆倍（1の後に0が24個！）近くの数の気体分子が運動しているのです。つまり，この**ミクロの気体分子の運動がマクロの圧力や温度につながっている**のです。では，このミクロの気体分子とマクロの圧力や温度の関係を気体分子の運動から導いてみましょう。

　容器内の気体分子はあらゆる方向に不規則に運動し，絶え間なく容器の壁に衝突しています。運動量と力積の関係（第2章第5節）を思い出してください。運動量をもった分子は，衝突すると壁に力を及ぼします。たとえば，質量 m の分子が，x 軸に垂直な面に対して運動量 mv_x（→ p.55）で衝突したとします。するとこの粒子は，壁にはね返されて反対向きの運動になるので，壁にはねかえされた粒子は $-mv_x$ の運動量をもちます（次ページの図参照）。

　しかし，もし粒子がはね返されたときに少しでも運動量を失うとすると，両サイドの壁で何回も衝突を繰り返すうちに運動量が徐々に減っていってしまいます。これでは容器に閉じこめた気体の温度が，ひとりでに下がってしまうことになります。こんなことは現実には起こりません。よって，**運動量が保存される衝突**（→ p.57）になるといえます。

第3章　無から動力を生み出すことはできない

さて，このときの運動量は，mv_xから$-mv_x$に変化したので，変化した運動量は次のようになります。

$$(-mv_x)-(mv_x)$$

また，このとき運動はx軸に対して正の方向から負の方向へと逆向きに変化したので，受ける力積（→p.56）は$-Ft$となり，次の関係が成り立ちます。

$$-Ft=(-mv_x)-(mv_x)$$
$$Ft=2mv_x \quad (20)$$

この(20)式が，質量mで速度vの粒子がx軸に正の方向で壁に当たった後，x軸に負の方向に粒子がはね返されたときの力積になります。

しかし，圧力は単位面積当たりの力なので，これだけでは気圧を求めるには情報が不足しています。そこで，この粒子が衝突している容器を，一辺の長さがLの立方体としましょう。このとき，速度v_xで壁にぶつかった粒子が，反対側の壁にぶつかってはね返り，再び同じ壁に衝突するまでに進む距離は，往復分の$2L$になります。

また，速度v_xを秒速で考えると，1秒間にこの壁面には，$\dfrac{v_x}{2L}$回※衝突することになります。

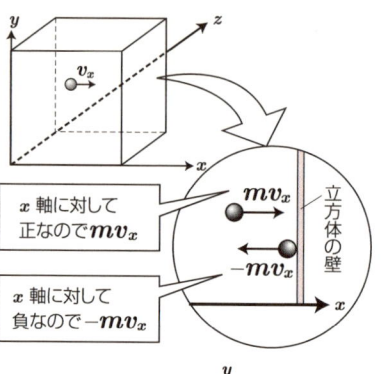

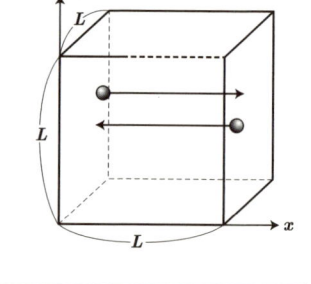

※どうして回数を　速度÷距離　で表せるのでしょうか。
これは，「秒速10kmの粒子が，1辺1kmの箱の中を1秒間に何往復できるか」と同じ質問になります。
この質問では，左の壁から出発し右の壁に当たるまで1km，はね返って戻ってくるのに1kmの計2kmかかります。
よって，2km進むごとに左の壁に当たるので，1秒間に左の壁に当たる回数は 10÷2＝5回　2秒間なら倍の10回になります。同様に，秒速がv_x，箱の1辺の長さがLならば，1秒間に衝突する回数は $v_x÷2L=\dfrac{v_x}{2L}$回　となります。

第3節　エネルギーはなくならない

　よって，容器内にN個の分子があったとすると，1秒間に壁に与えられる総力積は，

$$Ft = N \times 2mv_x \times \frac{v_x}{2L}$$

$$Ft = 2 \times \frac{mv_x^2}{2} \times \frac{N}{L} \tag{21}$$

となります。

　気圧を求めるには，あとどんな情報が必要でしょうか。

　(21)式で示されている$\frac{mv_x^2}{2}$は気体分子1個がx軸方向にもつ運動エネルギー($K = \frac{1}{2} \times mv^2$ →p.73)です。しかし，気体の運動はあらゆる方向に不規則に起こっていますよね。つまり，運動エネルギーはx軸，y軸，z軸方向に$\frac{1}{3}$ずつ均等に分配されているはずです。そう考えると，次の式が成り立つことになります。

$$\frac{mv_x^2}{2} = \frac{1}{3} \times \frac{mv^2}{2} \tag{22}$$

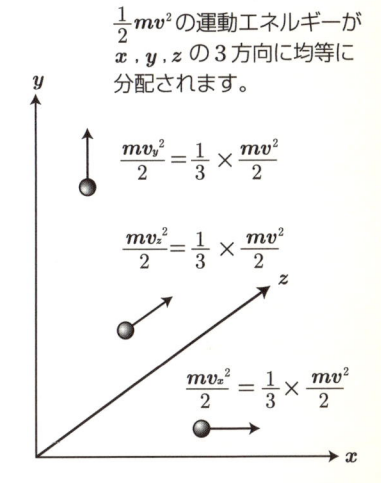

$\frac{1}{2}mv^2$の運動エネルギーがx , y , zの3方向に均等に分配されます。

$\frac{mv_y^2}{2} = \frac{1}{3} \times \frac{mv^2}{2}$

$\frac{mv_z^2}{2} = \frac{1}{3} \times \frac{mv^2}{2}$

$\frac{mv_x^2}{2} = \frac{1}{3} \times \frac{mv^2}{2}$

　また，$\frac{mv_x^2}{2}$は運動エネルギーKなので，1辺Lの立方体内にあるN個の分子が全ての壁に与えている総運動エネルギーは次の式で表されるのです。

$$K = N \times \frac{mv^2}{2} \tag{23}$$

　さらに，先ほどから速度を秒速(1秒間)で考えているので，時間tは，$t = 1$となります。これで気圧を求めるための情報が出そろいましたね。

　では，これまで得られた情報を使っていきましょう。(21)式に(22)式・

第3章　無から動力を生み出すことはできない

(23)式・$t=1$ を代入すると，次の式になります．

$$F = \frac{2}{3} \times \frac{K}{L} \qquad (24)$$

この力Fを単位面積あたりに換算※したものが圧力Pになります．よって，

$$P = \frac{F}{L^2} = \frac{2}{3} \times \frac{K}{L \times L^2} = \frac{2}{3} \times \frac{K}{L^3}$$

※壁の面積は辺の2乗でL^2となります．また，圧力は単位面積あたりの力なので，力を示す(24)式を面積L^2で割ると圧力Pになります．

となり，L^3は立方体の辺の3乗，つまり体積(記号はV)を表すので，次の式に置きかえることができます．

$$P = \frac{2}{3} \times \frac{K}{V} \qquad (25)$$

さらに，温度との関係については，(19)式$PV=RT$を(25)式に代入して整理することで，次の式にもっていけます．

$$K = \frac{3}{2} RT \qquad (26)$$

ほら，ミクロの気体の分子運動がマクロの圧力と温度に関係していることが導けました．

ところで，(26)式から何がわかるのでしょうか．**分子全体の運動エネルギーの総和Kは，絶対温度Tだけに比例し，圧力Pや体積Vに関係しない**ことがわかりますね．つまり，絶対温度が高いほど運動エネルギーが大きくなり，絶対温度が低いほど運動エネルギーが小さいことを意味しているのです．逆にいえば，絶対温度さえ見れば，その分子のエネルギー状態がわかってしまうことになるのです．ただし，個々の粒子を見れば，大変速いものもいれば遅いものもいるので，この際のエネルギーは分子の平均的なエネルギーを表しています．

以上より，絶対温度Tは，分子の運動エネルギーKの平均的な量を表していることになります．

第3節　エネルギーはなくならない

マクロからミクロへ

　それでは，今度は先ほどとは反対に，マクロの世界からミクロの世界を追ってみましょう。

　先ほど導き出したマクロの(26)式に(23)式を代入すると，

$$\frac{Nmv^2}{2} = \frac{3}{2}RT$$

となります。

　そしてこの式を変換すると，

$$v^2 = \frac{3RT}{Nm} \tag{27}$$

となります。

　具体的にミクロな分子の速度vを求めてみましょう。

　空気の70％近くが窒素であることをご存知の方も多いのではないかと思います。この窒素を用いて空気の分子運動を考えます。

　まず，気温が27℃のとき，絶対温度Tは

$$T = 27 + 273 = 300 〔K〕$$

となります。

　次に，(27)式のNmに入れる値を考えます。1 molの気体に分子が6.02×10^{23}個含まれていることはp.86でお話ししました。つまり，空気中の窒素分子1 molにおいても6.02×10^{23}個の分子が含まれています。また，窒素1分子の質量をmとするとNmが窒素分子1 molの質量となります。なお，窒素分子1 molの質量は28g※＝0.028kgなので，次のようになります。

※各原子の質量は，炭素原子の質量を12としたときの，相対質量で表され，窒素原子は14になります。なお，窒素分子N_2は窒素原子が2個くっついたものなので，窒素分子の相対質量は$14 \times 2 = 28$ となります。また，炭素原子1 molあたりの質量が12gとなることから，窒素分子1 molの質量は28gとなります。

$Nm = 0.028$ 〔kg〕

以上より，(27)式に $T = 300$ と $Nm = 0.028$ と気体定数(→p.86) $R = 8.31$ を代入すると

$$v^2 = \frac{3 \times 8.31 \times 300}{0.028} = 2.67 \times 10^5$$

となります。よって，この値の平方根を取った $v = 517$ m/s が窒素分子の速度となります。

ほら，マクロの温度がミクロの気体分子の運動に関係していることがわかりましたね。

ところで，音速はおよそ340m/sなのですが，音速の1.7倍，すなわちマッハ1.7(マッハ1 = 340m/s)で窒素分子は飛び回っていることが先ほど導き出した値から分かります。こんな速い分子が衝突すると顔中が穴だらけになりそうですが，その心配はありませんね。物体の**運動エネルギーKは質量mに比例する**(→p.73)ので，質量が非常に小さい分子のもつエネルギーも大変小さくなってしまいます。そのため，あたっても何も感じません。

また，空気中(この場合は窒素)の分子の運動によってダイレクトに音が伝わるとしたら，音速は571m/sになるはずですが，実際は340m/sです。よって，分子の運動が音を伝えているわけではないことがわかります。では，音は何が伝えているのでしょうか。次章で詳しく考えていきたいと思います。

なお，物体内の分子なども熱運動をしています。そのため，エネルギーをもっているはずです。**物体内の全分子の運動エネルギーと位置エネルギーの総和を，内部エネルギー**といいます。しかし，気体では位置エネルギーはほとんど考えなくてよく，内部エネルギーは全分子の運動エネルギーの和となります。よって，(26)式より気体分子の運動エネルギーKは絶対温度Tに比例しているので，**気体の内部エネルギーも絶対温度Tに比例する**ことになります。

第3節　エネルギーはなくならない

内部にたくわえること，これが肝心です ── 熱力学の第 1 法則

p.75 で運動エネルギーと位置エネルギーの和として，力学的エネルギーを考えました。理想状態では力学的エネルギーは保存しますが，摩擦や空気の抵抗があると熱として失われ，力学的エネルギーは保存しなくなります。"力学的エネルギーは仕事に変わるだけでなく，熱にも変わっていく"からです。よって，仕事のみならず物体から出入りする熱も考慮に入れれば，"物体のもつ（内部）エネルギーは保存する"はずで，次のようにまとめられます。

> **熱力学の第 1 法則（エネルギー保存の法則）**
> 物体の内部エネルギーは，その物体に熱が加えられたり，仕事がなされたりすると，その熱や仕事の量だけ変化する。

またこの法則は，物体に加えられた熱量を Q〔J〕，物体になされた仕事を W〔J〕，物体の内部エネルギーの変化を ΔU〔J〕（Δ は変化した量を表す）とすると，

$$\Delta U = Q + W \tag{28}$$

と表せます。

たとえば，シリンダー内の気体に熱量 q が加えられると，気体の温度が上昇して気体分子の運動エネルギーが増加します。その結果，気体の内部エネルギーが Δu だけ増加し，気体がピストンを押し上げる仕事 w をしたとします。すると，

$$\Delta u = q + (-w)$$

の関係が成り立ちますが，これは熱力学第 1 法則である(28)式にほかなりません。

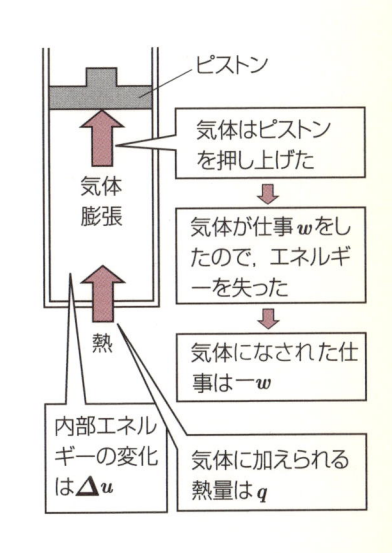

第3章　無から動力を生み出すことはできない

　熱力学の第1法則は，エネルギーはいろいろな形に変化するが，変化の前後でエネルギーの総和は変わらないことを表しています。このエネルギー保存の法則は，科学の最も基本的な法則です。今まで，あらゆる科学技術の現象を通して，この法則が否定されたことはありません。エネルギー保存の法則は力学的エネルギーや熱エネルギーのみならず，電気エネルギーや化学エネルギーなど，様々なエネルギーを結びつけました。

　気体はボイル・シャルルの法則 $PV=RT$ (→p.86)にしたがって，圧力 P，温度 T，体積 V が変化します。しかし，3要素が絡み合って変化しますので，ときにその状態変化が大変わかりにくくなることがあります。そこである条件を一定にしたままの状態変化がよく使われます。温度一定のままの状態変化を等温変化，圧力一定のままの変化を等圧変化，体積一定のままの変化を等積変化と呼びます。

　さらに，もう1つ重要な状態変化があります。気体が外部と熱のやりとりをしないで状態を変えるときで，断熱変化(熱を断つ)といいます。このとき，(28)式で考えると，熱量 $Q=0$ なので，$\Delta U=W$ となります。また，内部エネルギーは絶対温度に比例することを思い出してください。気体を圧縮(断熱圧縮)する(気体に仕事をする)と内部エネルギーが増加し，気体の温度が上がります。逆に，気体を膨張(断熱膨張)させる(気体が仕事をする)と温度が下がります。

　たとえば，シリンダーの底に乾いた綿を入れてピストンを急に押し下げると，中の綿が燃え出します。火のないところで急に燃え出すという一見不思議な現象も，筋道を立てて考えると納得できます。断熱圧縮により，自然発火するほどに管内の温度が上がったわけです。

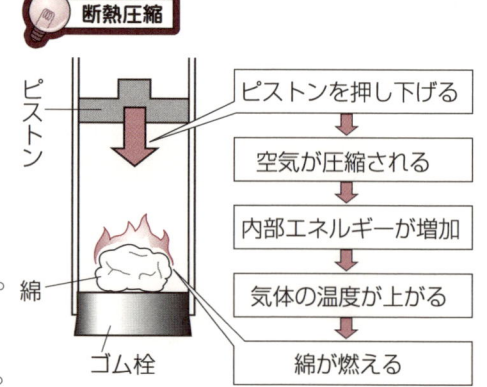

また，雲の発生は断熱膨張の例です。湿った空気が上昇すると気圧が小さくなるので，空気は膨張し温度が下がります。この結果，空気中の水蒸気は水滴や氷の粒に変わり雲ができるのです。冷蔵庫やエアコンも，断熱膨張を利用して冷却用のガスを冷やしています。

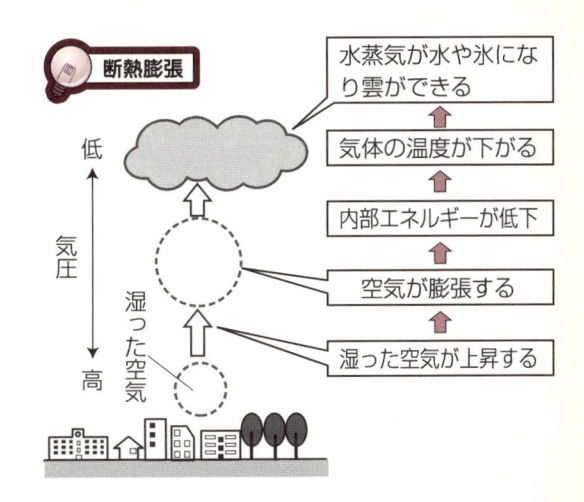

このように，物理は私たちの生活のすぐそばにあります。

熱効率100％のエンジンは夢まぼろし ── 熱機関の効率

熱エネルギーを力学的な仕事に変える装置を**熱機関**といいます。蒸気機関，ガソリンエンジン，ディーゼルエンジンなど，すべて熱機関です。熱機関は動力を提供することで，現代の技術社会を支えています。この熱機関に共通するしくみは，下の図のように表されます。高温の熱源から熱エネルギーを吸収し，このエネルギーの一部分を力学的な仕事に変換し，残りのエネルギーを低温の熱源（水，空気など）に捨てます。このような熱機関のしくみをエネルギーの出入りから考えてみましょう。

熱源から取り入れた熱量を Q，外に捨てた熱量を Q' とすると，気体が外部にした仕事 W は，エネルギー保存の法則から，

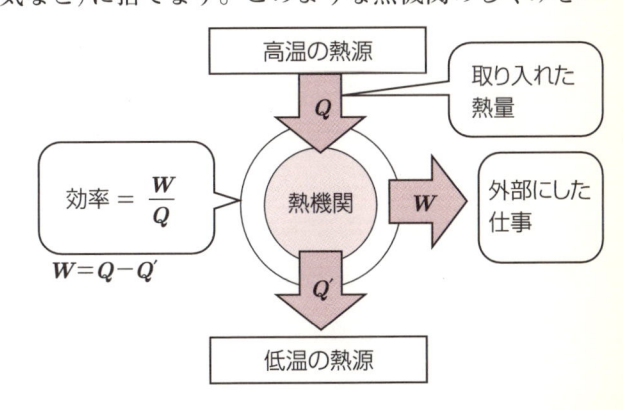

効率 $= \dfrac{W}{Q}$

$W = Q - Q'$

第3章　無から動力を生み出すことはできない

$$W = Q - Q' \tag{29}$$

となります。

このとき，熱機関の熱効率※eは次の式で表されます。

$$e = \frac{W}{Q} = \frac{Q - Q'}{Q} \tag{30}$$

この式で，$Q' = 0$ であれば，$W = Q$ となり，熱効率は1（100％）です。もし，このような熱機関ができれば，エネルギーの消費も桁違いに少なくなるでしょう。

また，(30)式は"**取り入れた熱量Qと，外に捨てた熱量Q'の差しか，仕事に使えない**"といいなおすこともできます。

※**熱効率**とは，取り入れた熱量のうち，何パーセントを仕事に変換できたかを示したもので，記号eで表します。

したがって，外に捨てる熱量Q'が少ないほど，多くの仕事ができることになります。

しかし，外に捨てる熱量Q'を0にすることはできません。熱機関は"**熱量を取り入れ，仕事をし，残りの熱量を放出する**"を1セットとして，熱のサイクルを形作っています。

もし，熱の放出をせずにこのサイクルをまわすと，熱を取り入れるほうだけが行われるために熱機関の温度が徐々に上がっていき，最後には外部から熱を取り入れることができなくなって機関は停止してしまいます。

よって，熱サイクルをまわして繰り返し仕事をするためには，熱を低温の熱源へ放出して，熱を取り入れることが可能な状態に戻ることが不可欠なのです。つまり，$Q' > 0$ であることは必然であり，その結果，**熱効率は必ず1（100％）より小さくなります**。たとえば，現在のガソリンエンジンの熱効率は最大で30％弱，ディーゼルエンジンは40％弱です。

覆水盆に返らず ── 熱力学の第2法則

熱効率が必ず1より小さくなるという結論は，

> **熱力学の第2法則**
> 　熱源から得た熱をすべて仕事に変えるような熱機関は存在しない。

として熱力学の中に組み込まれるようになりました。

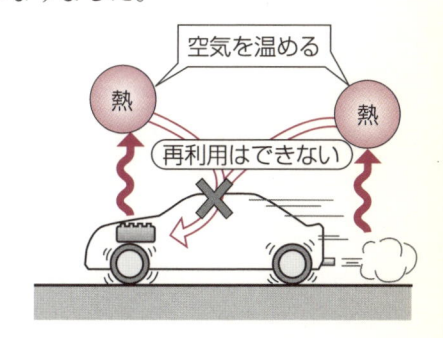

　熱機関を運転すると，熱の廃棄が必ずともないます。この廃棄された熱は周囲に散らばり，仕事として使えなくなります。

　たとえば，自動車のエンジンは熱を放出し，周囲の空気を温めます。この熱を集めて，再度エンジンを回転させることはできず，捨てられた熱は地球の温暖化に寄与するだけです。

　熱機関では，廃棄された熱も含めると，エネルギーは保存されています。しかし，廃棄された熱は有用なことに利用できないエネルギーです。このエネルギーの"質"に着目すると，熱力学の第2法則は，"自然界には，エネルギーの"散逸"あるいは"劣化"に向かう普遍的傾向がある。"といいかえられます。

　このように，熱力学の第1法則はエネルギーの"量"を，第2法則はエネルギーの"質"を問題にし，"量"は**保存**されますが，"質"は**劣化**することを示しています。

熱力学の第1法則
エネルギーの量は保存される
Q → W / Q'
エネルギーの合計は変わらない

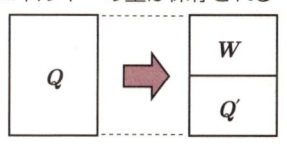

熱力学の第2法則
エネルギーの質は劣化する
Q → W 利用できたエネルギー / Q' 利用できなかったエネルギー

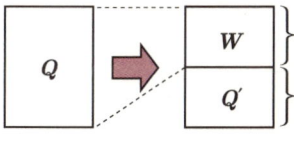

第3章 無から動力を生み出すことはできない

　熱力学の第2法則は，自然界の現象に向きがあることを示しています。お湯を部屋の中に放置する場合を考えてください。やがてお湯は室温と同じ温度になり，最初あった温度差もなくなります。逆は決して起こりません。自然界では，逆向きの変化が自然には起こらないような現象（不可逆変化といいます）が普通です。摩擦による熱の発生，物質が混じりあう拡散なども不可逆変化です。

　不可逆変化の結果，温度差はなくなり，物質は混じりあい，一様な状態になっていきます。また，**一様な状態は秩序のない状態**といいかえることもできます。この**無秩序さの度合い**を**エントロピー**と呼び，無秩序さ（乱雑さ）が大きいほど，エントロピーも大きくなります。

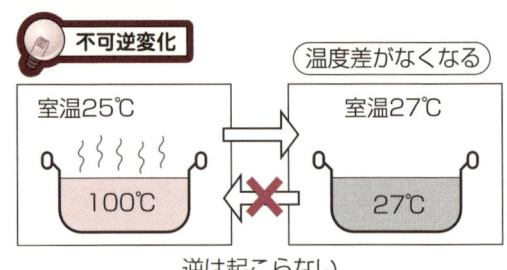

不可逆変化　温度差がなくなる
- 室温25℃／100℃
- 室温27℃／27℃
- 逆は起こらない

エントロピー
- 一様である（無秩序さが大きい）＝エントロピーが大きい
- 秩序がある（無秩序さが小さい）＝エントロピーが小さい

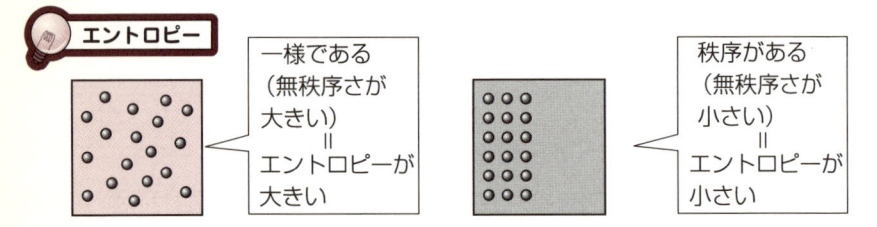

　たとえば，温度差がある状態よりも温度差がなくなった状態のほうが，エントロピーが大きいことになります。とすると，**自然界の不可逆変化ではつねにエントロピーは増加している**といえるので，次のことがいえます。

> **エントロピー増大の法則**
> 　自然界では，孤立系のエントロピーはつねに増加する傾向がある。

　なお，孤立系とは，外界と物質やエネルギーのやりとりをしない系のことです。

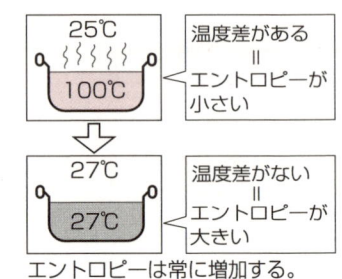

- 25℃／100℃：温度差がある＝エントロピーが小さい
- 27℃／27℃：温度差がない＝エントロピーが大きい
- エントロピーは常に増加する。

たとえば，**生物**は孤立系ではありません。外界から物質やエネルギーを取り入れています。生物にとって無秩序は死を意味しますから，私たちはエネルギーを取り入れることで，必死になってエントロピーを減少させ，生体の秩序を保っているのです。

このように**生物自身のエントロピーは減少**していますが，周囲に捨てる熱や排出物によるエントロピーを含めると，**正味（しょうみ）のエントロピーは増加**しています。私たちはエントロピー増大の法則という宇宙の法則に逆らって，生命を支えているのです。

しかし，もっと視野を広げて，私たちが認識している宇宙を考えてみましょう。一般的には，情報がやりとりできる範囲を"私たちの宇宙"と考えています。とすると，もし"宇宙の外"があったとしても，宇宙の外は私たちが影響を及ぼせないのですから，宇宙の外とは物質やエネルギーのやりとりはできません。つまり，宇宙は孤立系だと考えるのが自然です。そのため，宇宙全体のエントロピーは増加し，宇宙はしだいに無秩序になっていくと考えられています。このように，エントロピーは宇宙論，さらには情報論とも結びつき，熱力学の第2法則から，現代科学を横断する基本的な概念となっています。

さらに熱力学の第2法則には，他の物理法則と大きく異なる特徴があります。それは，「……傾向がある」と表現することで，時間が進む向き（**時間の矢**といいます）を決めており，**時間が逆向きに進むことを禁止している**ことです。他の物理法則は，時間を逆向きにしても成り立ちます。第2章第5節で説明したように，運動の法則を使えば，未来も過去もすべての時間にわたる力学的な現象が説明できます。しかし，**現実の時間は過去から未来への一方通行**です。熱力学の第2法則が，この宇宙の時間の矢を説明しています。

熱機関から始めて，エネルギーの劣化，エントロピー，時間の矢まで，熱力学の第2法則の旅も思いがけないところに到着しました。1つの法則がこれほど深い意味をもっているのです。

第3章　無から動力を生み出すことはできない

Column　エントロピー

　「無秩序さの度合いがエントロピー」といわれても，なんとなく抽象的でピンとこないのがエントロピーです。その一方で「無秩序さ」とか「(エネルギーの)質」など，物理にはちょっと縁遠い言葉で表現される分だけ，他の分野でも使われることがあります。

　もともとエントロピーは，ドイツのクラウジウスが1865年に考え出した熱力学的な概念です。物体に熱を与えると，ミクロの世界では分子の熱運動が激しくなります。動きが激しくなれば，それだけよく混ざるので，分子の配置は熱を与える前より無秩序になり，エントロピーは増加したことになります。したがって，ある系のエントロピーは，

$$\text{エントロピー} = \frac{\text{与えられた熱エネルギー}}{\text{絶対温度}}$$

で定義されます。

　分母の絶対温度はその系自身の元々の乱雑さを表しています。同じ熱を与えても，最初の温度が低ければ乱雑さの増加は大きいですし，温度が高い状態であれば元々分子は無秩序な状態なので，乱雑さの増加は大きくありません。つまり最初の乱雑さの状態によって，乱雑さの増加量は変わってきます。これは，きれいに片づいた部屋で積み上げた本がくずれた場合と，衣服や雑誌，書類などが散らかっている部屋で積み上げた本がくずれた場合とでは，無秩序さの増加量が違って感じることによく似ています。

無秩序さの増加が大きい
＝
エントロピーの増加が大きい

無秩序さの増加が小さい
＝
エントロピーの増加が小さい

第3節　エネルギーはなくならない

　このように，エントロピーは日常の出来事にも結びつけて考えることができます。例えば家を建てる場合，駅から遠い郊外になるほど空き地が多くなるので，どこに建てるか選択の可能性が多くなります。駅のすぐ近くではほとんど空いた場所がないので，場所が限定されます。空き地が多い分だけ配置の仕方の自由度（すなわち無秩序さ）が多いと考えれば，郊外はエントロピーが高く，駅前はエントロピーが低いということになります。また，駅前から郊外へは簡単に移れますが，郊外から駅前にはお金を貯めないとなかなか移れません。これは，エントロピーが増加する方向へは移りやすいが，減少する方向へは資金を追加しないと（エネルギーを与えないと）移れないことを現しています。資産価値は駅前のほうが高いですから，エントロピーが低いことは価値が高いことにもつながっています。これはまた「質の高さ」を現しています。したがって，エントロピーが増加する方向へ自然が変化すると，価値が下がり質が劣化することにもなるのです。
　また，情報理論でもエントロピーは応用されています。ある事柄の内容や指令といった情報は，不確かな状態を単純で決まった状態へと移すことができます。ある情報による不確かさの減少分が，その情報の「情報量」であり，情報を受け取る前後の不確かさの相対値が「情報エントロピー」となります。
　このように，エントロピーは実に応用範囲の広い概念です。

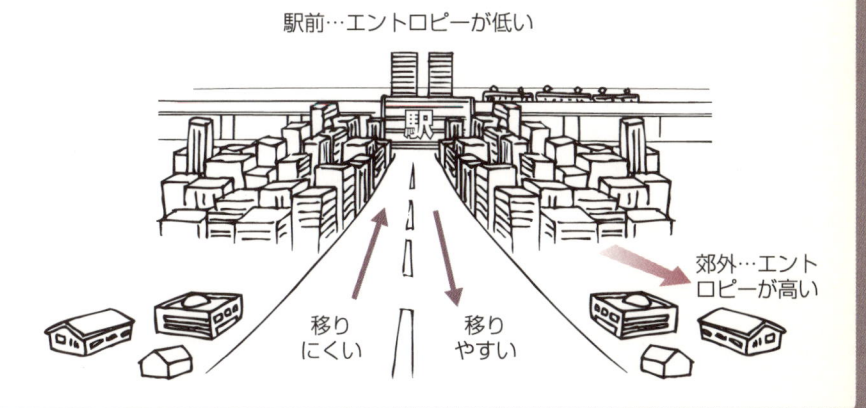

駅前…エントロピーが低い

郊外…エントロピーが高い

移りにくい　移りやすい

復習問題

❶ 遊園地にあるジェットコースターはエンジンがないので，位置エネルギーを運動エネルギーに変換することで，推進力を得ています。そんなジェットコースターのある1つの質量400kgのカートが，高さ10mの地点から静かに動き出しました。次の(1)，(2)のときの，それぞれの値を求めましょう。

ただし，重力加速度は$9.8m/s^2$とします。　　　　　（→p.75）

(1) このジェットコースターのレールの最下点の高さは0mです。ここをカートが通過するときの速度は何m/sでしょうか。

(2) 最下点を通過したカートが，続いて高さ5mの場所を通過しました。このときのカートの速度は何m/sでしょうか。

❷ なめらかに動くピストンに$1m^3$の気体が入っています。次の(1)，(2)のときの，それぞれの値を求めましょう。　（→p.86）

(1) ピストン内の空気の温度を200Kから400Kまで上げたとき，ピストン内の空気の体積は何m^3になったでしょうか。

(2) 次にピストンを固定して，ピストン内の空気の温度を400Kから800Kまで上げました。このとき，ピストン内の空気の圧力はいくらになったでしょうか。ただし，外部は1気圧とします。

❸ ある蒸気機関では，600℃に加熱された蒸気を使ってタービンを回し，これを20℃の川の水を取り入れて冷却しています。では，この蒸気機関の熱効率は最大で何%になるでしょうか。整数で答えましょう。　　　　　（→p.96）

解答例は221ページ

音と光への招待

第4章 救急車のサイレンはどうして音が変わる？

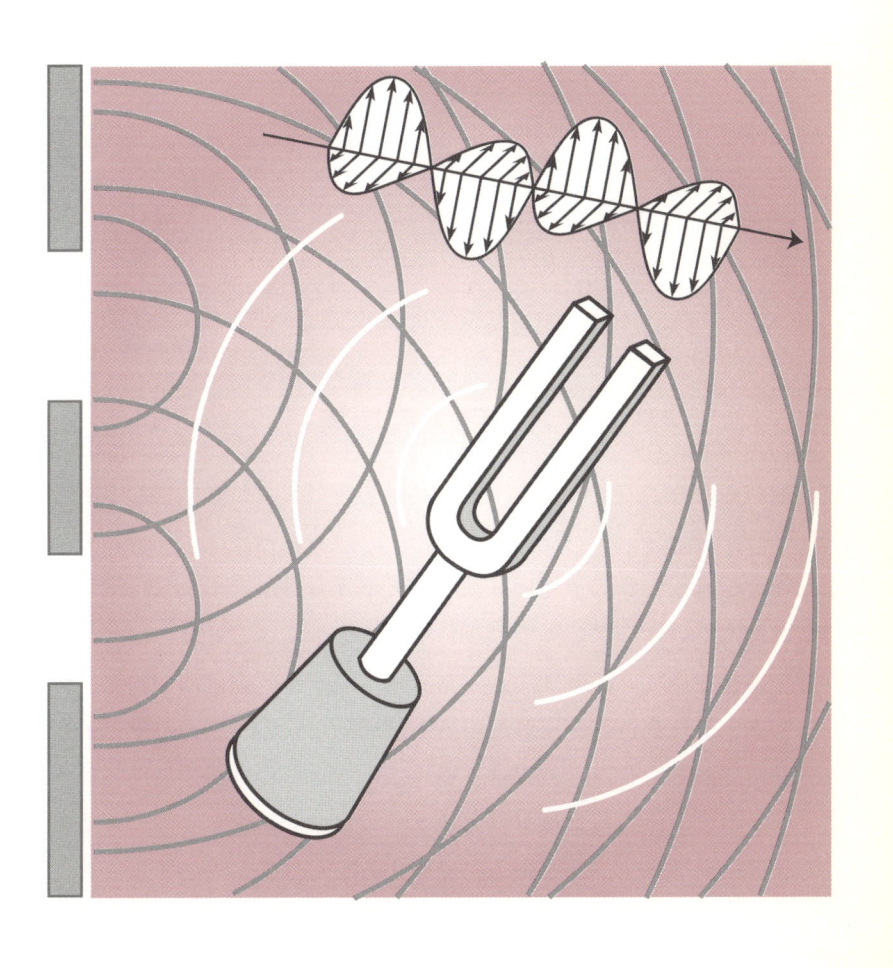

ようこそ物理室へ
ゆらり揺られてどこへ行く

　私たちの身のまわりのいたるところで波を見ることができます。水面にものを落としたときに同心円状に広がる波，ひもの一端から一端へ伝わる波，ギターの弦の振動……。波は非常にありふれた現象です。さらに，音も空気中を伝わる波であり，光は真空中（空気も何もない空間）を伝わる波でもあるのです。

水面に広がる波

ひもを伝わる波

ギターの弦の振動

■ 縦波と横波 ■

　波が伝わるためには，波を伝える物質が必要です。これは**媒質**(ばいしつ)と呼ばれます（光は例外で媒質のない真空中を伝わります）。たとえば，水面にものを落とした場合を考えてみて下さい。波を伝える媒質は水ですから，波だけが同心円状に進んでいき，水は周囲に動いていきません。これは水面に浮かんだ枯れ葉の動きを見ているとよくわかります。波が通り過ぎる間は上下運動を繰り返しますが，水自体が流れているわけではないので，枯れ葉は波の進行方向へ動いていきません。波が通り過ぎてしまった後も元の場所に浮かんでいます。このように媒質は波を伝えるときに振動しますが，波が通り過ぎれば元の状態に戻ります。波とともに移動することはないのです。

もう一つの例として，ロープを伝わる波を考えてみます。ロープを軽く張った状態で一端を持ち，上下方向にゆすってみましょう。その波が伝わっていく様子が観察できます。このように**波の伝わる方向と振動の方向が直角になる波**を**横波**といいます。左右方向にゆすっても，やはり波の伝わる方向と振動の方向が直角ですから，これも横波です。

　一方，ばねを押して縮めたり，引いて伸ばしたりしたものを，加えた力をゆるめてばねをゆらしたときは，ばねが縮まってできた密の部分がばねの中を伝わっていきます。振動が伝わっていくのでこれも波の一種です。このように，**波の伝わる方向に媒質が振動することにより，媒質に疎密ができて伝わる波**を**縦波**（**疎密波**）といいます。決して，ロープを横にゆすった波が横波，縦にゆすった波が縦波ではありません。両者とも波の進行方向と振動の方向が直角なので横波です。

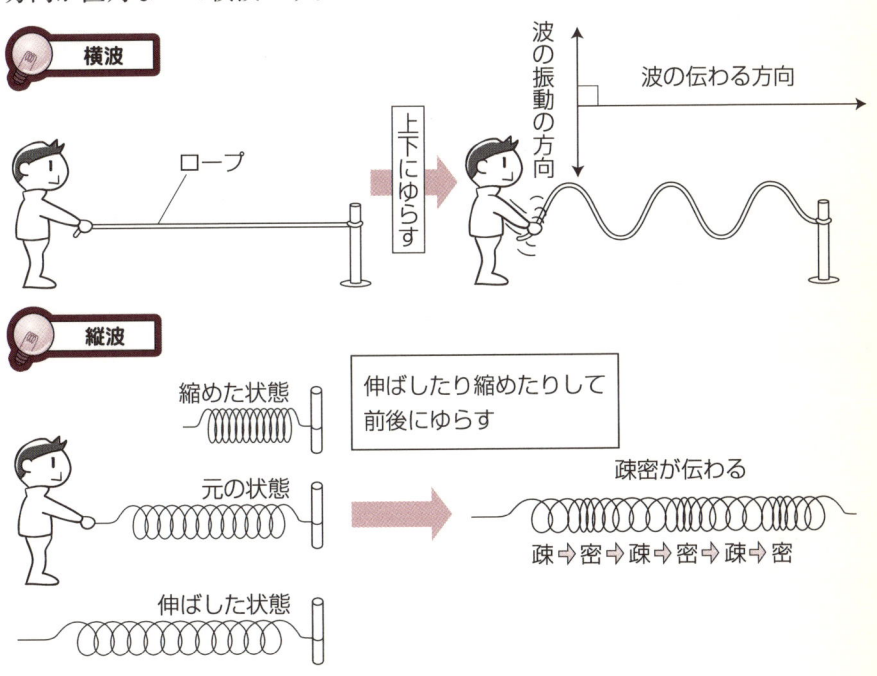

横波

ロープ　／　上下にゆらす　／　波の振動の方向　／　波の伝わる方向

縦波

縮めた状態　／　元の状態　／　伸ばした状態　／　伸ばしたり縮めたりして前後にゆらす　／　疎密が伝わる　／　疎⇒密⇒疎⇒密⇒疎⇒密

1 波の性質
山を越え 谷を越え

波の表し方

　x軸方向に進んでいる波の，ある瞬間を考えてみましょう。波が発生する場所（波源といいます）からの距離をx軸，元の位置からのずれ（変位）をy軸にとってグラフをかいてみます。横波の場合，振動の方向をy軸方向にとれば，まさに波の形を表していることになります。

　では，縦波の場合はどうでしょうか。それぞれの場所がx軸方向にずれて（振動して），部分部分に疎密ができています。したがって，そのずれ（変位）の量をy軸方向（進行方向への変位を正とする）に表せば，波の形をグラフ上に再現できます。このとき，一番密な場所は両側から圧縮されるので変位は0に，一番疎の場所は両側から等しく引っ張られるので同じく変位が0となります。そして変位が最大の場所が，疎と密の間に，正側と負側交互に現れます。このように表すと縦波も横波のように表すことができます。

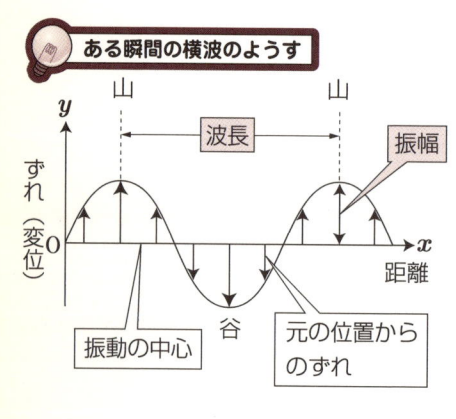

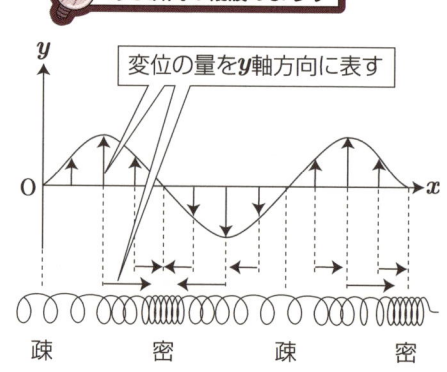

ある瞬間の横波のようす

（図：横波のグラフ。山，波長，振幅，振動の中心，元の位置からのずれ，谷のラベル付き）

ある瞬間の縦波のようす

（図：縦波のグラフ。変位の量をy軸方向に表す。疎・密・疎・密のばねの図）

第1節　山を越え　谷を越え

　このようにして描いた波のグラフで，波の一番高いところを山と呼び，一番低いところを谷と呼びます。また，山から山（または谷から谷）の間隔は波の波長（記号λで表し，単位はm）と呼び，振動の中心位置から測った山の高さ（または谷の深さ）を振幅といいます。「波の大きさが大きい」といった場合，振幅が大きいことを意味します。

　次に時間との関係を見てみましょう。媒質の1点に注目すると，波が通り過ぎるのに応じて周期的な振動をします。この1回振動する時間が周期（記号Tで表し，単位はs）で，この間に1波長の波が通り過ぎます。また，1秒間に繰り返される振動の回数を振動数（記号fで表し，単位はHz）といい，振動数をf〔Hz〕，周期をT〔s〕とすると，次の(1)式の関係があります。

$$f = \frac{1}{T} \tag{1}$$

　以上のように，波は1周期で1波長進むので，波の速度をv〔m/s〕，波長を$λ$〔m〕とすると，次の(2)式の関係が成り立ちます。

$$v = fλ = \frac{λ}{T} \tag{2}$$

　なお，右の図のように，一見複雑な形をした波は，振幅や波長の違うシンプルな波の重ね合わせで表すことができます。したがって，シンプルな波の基本的な性質さえわかっていれば，全ての波を表すことが可能なのです。この原理を使って複雑な形をした波を分析する方法をフーリエ変換といいますが，具体的なフーリエ変換の応用は高校物理の範囲外ですので，ここまでにしておきます。

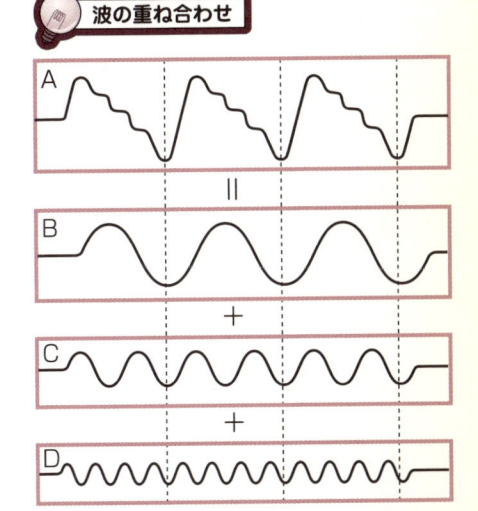

波の重ね合わせ

複雑な波(A)は，単純な波(B, C, D)が重ね合わされてできる。

第4章　救急車のサイレンはどうして音が変わる？

波の重ね合わせと干渉

次に，波が重なる場合を考えてみましょう。まずは単純にするために，直線上を伝わる波を考えてみます。

2方向からやってきた波がぶつかった場合，どのようなことが起こるでしょうか。2つの波が出会ったところでは複雑な形になりますが，やがて互いに通り過ぎて，もとの形でもとの向きに進んでいきます。このように，2つの波が出会い，通り過ぎるときは互いに相手の影響を受けずに，もとの形を保ったまま進むことができます。これが**波の独立性**です。一見簡単で当たり前のように感じますが，物体の衝突ではこのようなことは起こりません。波特有の重要な性質です。

では，同じ形の波の山と谷が出会った場合はどうなるでしょうか。出会ったところで一瞬波は消えてしまいますが，やがてもとの形が現れて，何事もなかったかのようにもとの方向に進んでいきます。やって来る波の形は違っていても，"重なり合った部分の変位は，それぞれの波の変位を単純に足し合わせた高さ"になります。これを**波の重ね合わせの原理**といいます。ですから山と谷がぴったり重なった場合は，どの点においても変位の和が0になり，波が消えてしまうのです。

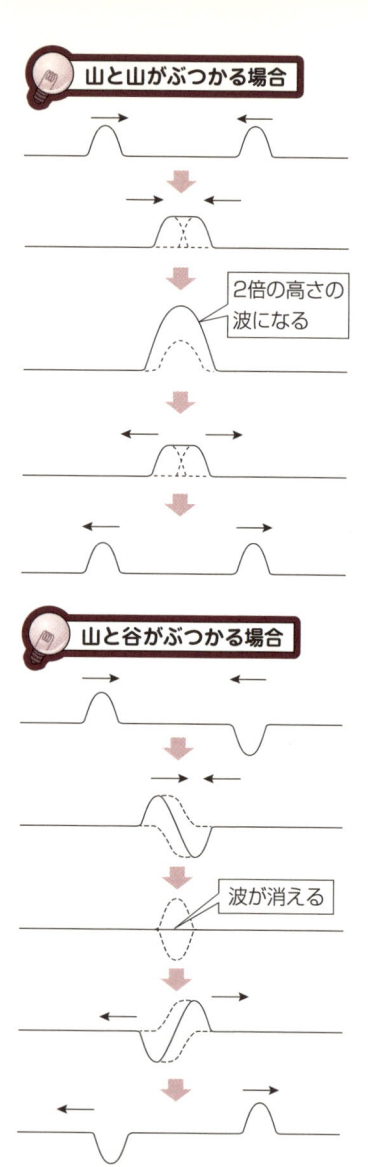

第1節　山を越え　谷を越え

　では，次に平面に広がる波を考えます。2つの波源から出た波は，互いに同心円状に広がっていき，波が出会ったところでは重ね合わせの原理により，波の強いところや弱いところができます。このように，2つの波が重ね合って強めあったり弱めあったりする現象を**波の干渉**といいます。波の干渉は，2つの波源から同時に波が出ている場合，2つの波源から等距離にある点では同時に山や谷がやってくるので波が強めあいます。また，距離が違う場合，その距離の差が波長の整数倍のところでは，同じように山どうしや谷どうしが出会うので波が強めあいます。このように強めあって波長が大きくなった場所は**腹**と呼ばれ，媒質は2倍の振幅で大きく振動します。一方，2つの波源からの距離の差が波長の半分か波長の半分の奇数倍のところでは，たえず山と谷が出会うので波は弱めあってしまいます。このように弱めあって波長が小さくなった場所は**節**と呼ばれ，媒質はほとんど振動しません。

2つの波源（×印）から出た波の干渉

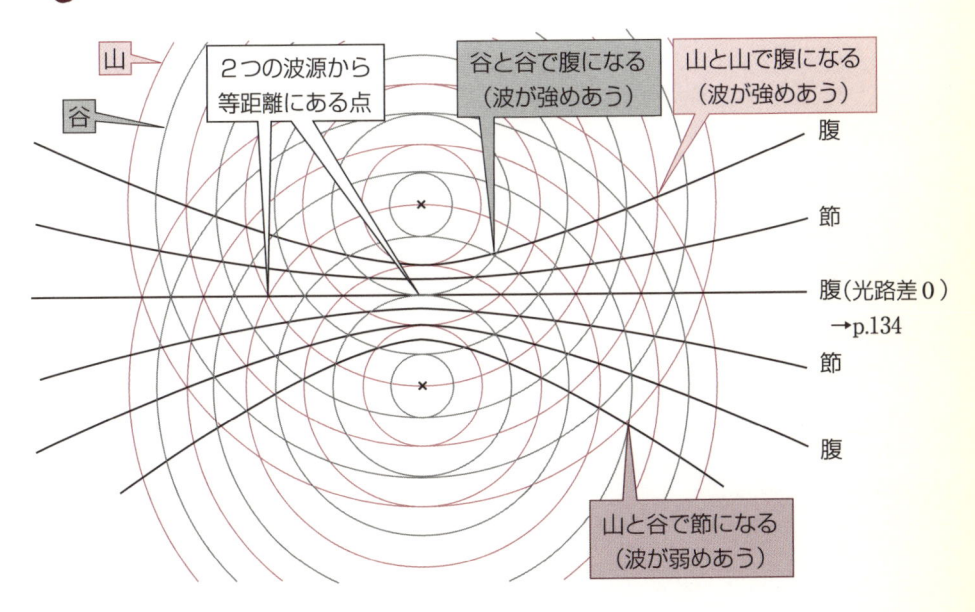

- 山
- 谷
- 2つの波源から等距離にある点
- 谷と谷で腹になる（波が強めあう）
- 山と山で腹になる（波が強めあう）
- 腹
- 節
- 腹（光路差0）→p.134
- 節
- 腹
- 山と谷で節になる（波が弱めあう）

109

第4章　救急車のサイレンはどうして音が変わる？

ホイヘンスの原理

　これまで見てきたように，点源から出た波は同心円状に広がっていきます。その波の山や谷が連なった面は**波面**と呼ばれます。同心円状に広がる波面は**円形波**と呼ばれ，波源から十分に遠いところでは，波面が波の進行方向とほぼ垂直になります。このような波面が平行に並んだ波を**平面波**と呼びます。

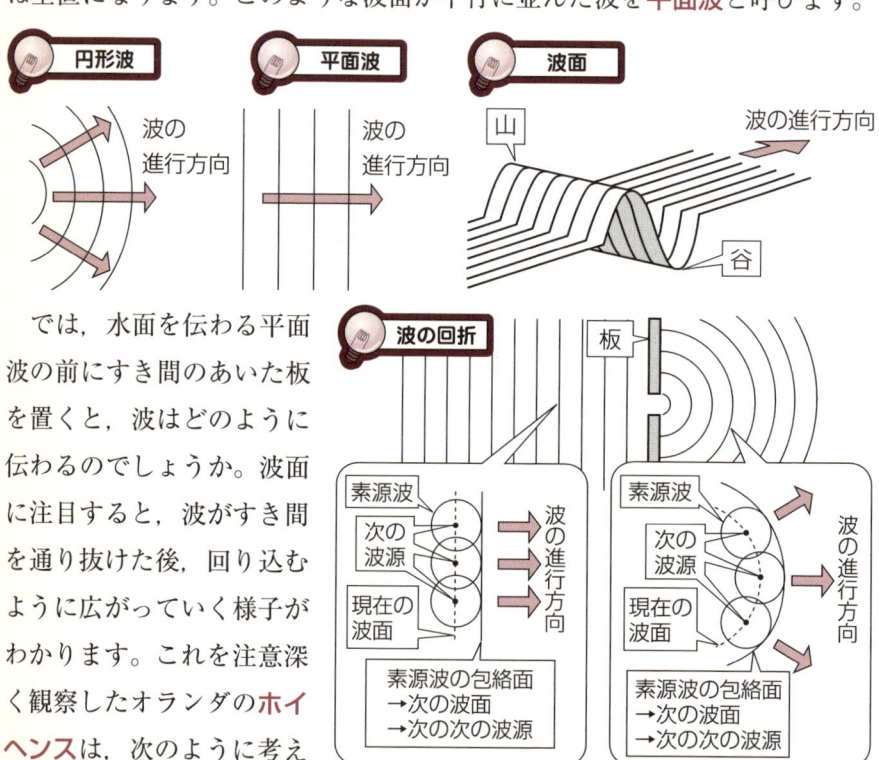

円形波　波の進行方向
平面波　波の進行方向
波面　山　谷　波の進行方向

　では，水面を伝わる平面波の前にすき間のあいた板を置くと，波はどのように伝わるのでしょうか。波面に注目すると，波がすき間を通り抜けた後，回り込むように広がっていく様子がわかります。これを注意深く観察したオランダの**ホイヘンス**は，次のように考えました。

波の回折
板　素源波　次の波源　現在の波面　波の進行方向
素源波の包絡面
→次の波面
→次の次の波源

板　素源波　次の波源　現在の波面　波の進行方向
素源波の包絡面
→次の波面
→次の次の波源

> **ホイヘンスの原理**
> 　波面上の各点が次の波源となって**素源波**（そげんは）と呼ばれる円形波を出し，これらの波面の共通する面（**包絡面**（ほうらくめん）といいます）が次の波面になる。

第1節　山を越え　谷を越え

　つまり，波がすき間を通り抜けた場合，すき間の各点から素源波が円形に広がると考えれば，波の回り込みが説明できるわけです。小石などの物体が飛んでくる場合にはこのようなことは起こりません。障害物の背後に隠れていれば，投げられた小石は障害物をよけて回り込んでくることはなく絶対に安全です。しかし波の場合は，障害物の背後にあっても回り込んでくるのです。この波特有の現象は回折と呼ばれます。

　ホイヘンスの原理は，すき間を通り抜けた波だけでなく，普通に伝わる円形波や平面波の場合も応用することができます。つまり，現在の波面の各点から円形に広がる素源波が出ていると考えて，その素源波の波面の共通する面を連ねるのです。するとこの包絡面が次の時間の波面となります。

反射の法則

　波は障害物に当たるとはね返されたり(**波の反射**)，違う媒質に入ると方向が変わったりします(**波の屈折**)。

　波は波面と垂直な方向に進んでいきます。その波がある境界面に入射したとき(このときの波を**入射波**といいます)，境界面の垂線と角度θ_1(これを**入射角**といいます)でぶつかったとき，反射した波(これを**反射波**といいます)がその垂線と角度θ_2(これを**反射角**といいます)ではね返されたとすると，次の法則が成り立ちます。

> **反射の法則**
> 　　入射角θ_1＝反射角θ_2　　　(3)

注：入射波と入射波面，反射波と反射波面
　入射波面は入射波の面です。ただし，図にあるように，入射波と書く場合は，その進行方向を矢印で示します。したがって，波面はこれに対して垂直になります。

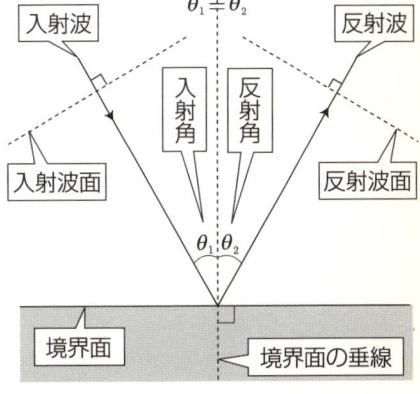

　また，反射の法則は，ホイヘンスの原理を用いて次のように説明できます。

第4章 救急車のサイレンはどうして音が変わる？

入射波の速度を v [m/s] としましょう。この入射波が右の図のA点に到達したとき，B点にはまだ波面は届いていません。そして，入射波がA点に到達してから t 秒後にB点に到達したとすると，その t 秒間にA点からは反射波としての素源波が半径 vt [m] だけ広がっていることになります。また，AB間の各点においても，入射波の到着時間に応じて素源波が広がっていきます。その包絡面が反射波面となり，反射波の進行方向は波面に垂直なので，△ABCと△ABDは合同になります。また，∠ABCは反射角に，∠BADは入射角に等しいので，入射角と反射角は等しくなるわけです（分からないときは，〔証明〕を参照してください）。

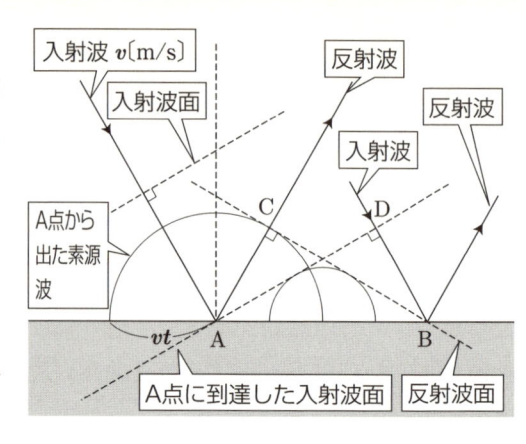

〔証明〕
反射波と反射波面は垂直なので，∠ACBは直角
よって，△ABCは直角三角形
また，△ABEも直角三角形であり，
△ABCと△ABEにおいて∠Bは共通
つまり，∠BAC＝∠AEC　よって，△BAC∽△AEC
したがって，∠ABC＝∠EAC（反射角）
また，入射波と入射波面は垂直なので，∠FADは直角
また，∠EABも直角なので
∠FADと∠EABにおいて∠EADは共通
よって，残りの角も等しい
つまり，∠FAE（入射角）＝∠BAD　より，△ABC≡△BAD
したがって，∠FAE（入射角）＝∠EAC（反射角）

屈折の法則

では屈折の場合には，入射角と屈折角の間にどのような関係があるのか説明できないでしょうか。

媒質1を速度v_1で進んできた波長λ_1の波が入射角θ_1で媒質2との境界面に達し、屈折角θ_2で媒質2内を速度v_2、波長λ_2で進んでいったとします。波源の振動数は変わらないので、屈折においても振動数は変化しません。よって、次の(4)式が成り立ちます。

$$f = \frac{v_1}{\lambda_1} = \frac{v_2}{\lambda_2} \qquad (4)$$

　また、△ABCにおいて、∠ABC＝θ_1なので（前ページの〔証明〕を参照），

$$\sin\theta_1 = \frac{BC}{AB} = \frac{v_1 t}{AB} \qquad (5)$$

　同様に、△ABDにおいて、∠ABD＝θ_2なので，

$$\sin\theta_2 = \frac{AD}{AB} = \frac{v_2 t}{AB} \qquad (6)$$

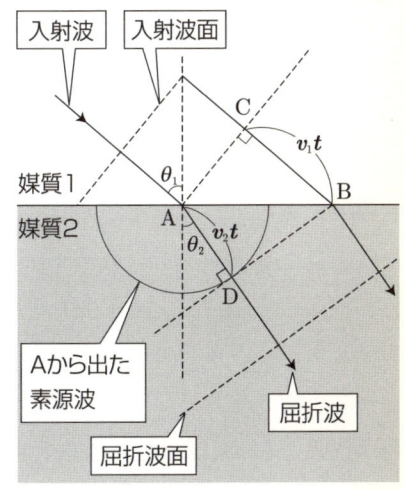

(5)式と(6)式で、$\frac{t}{AB}$が共通なので、これをくくり出しておきましょう。

$$\frac{t}{AB} = \frac{\sin\theta_1}{v_1} = \frac{\sin\theta_2}{v_2}$$

$$\frac{\sin\theta_1}{\sin\theta_2} = \frac{v_1}{v_2} \qquad (7)$$

おや、(4)式との関係性も見えてきましたね。

　以上より、入射角と屈折角の間には、次の法則があることが分かりました。

屈折の法則

$$\frac{\sin\theta_1}{\sin\theta_2} = \frac{v_1}{v_2} = \frac{\lambda_1}{\lambda_2} = n_{12}\ （一定） \qquad (8)$$

　なお、n_{12}は**屈折率**と呼ばれ、(8)式のように定義します。

2 音　音色は波の重なり方次第

音の3要素

　鳴っている目覚まし時計をビーカーに入れてゴム栓をし，真空ポンプで空気を抜いていくとだんだんと音が聞こえなくなります。やがて音がほとんど聞こえなくなることから，音は空気がないと伝わらない，つまり空気を媒質として伝わることがわかります。

　太鼓を音源とするとイメージしやすいと思います。太鼓をたたくと膜面が素早く振動します。その振動は膜面にふれる空気の分子を前後にゆすります。これにより空気の疎密ができ，音は疎密波(縦波)として空気中を伝わっていくのです。つまり**"音(音波)は空気を媒質とする縦波"**です。その空気の振動が私たちの耳の中にある鼓膜を振動させ，その信号が脳に伝わって音として感じることができるのです。

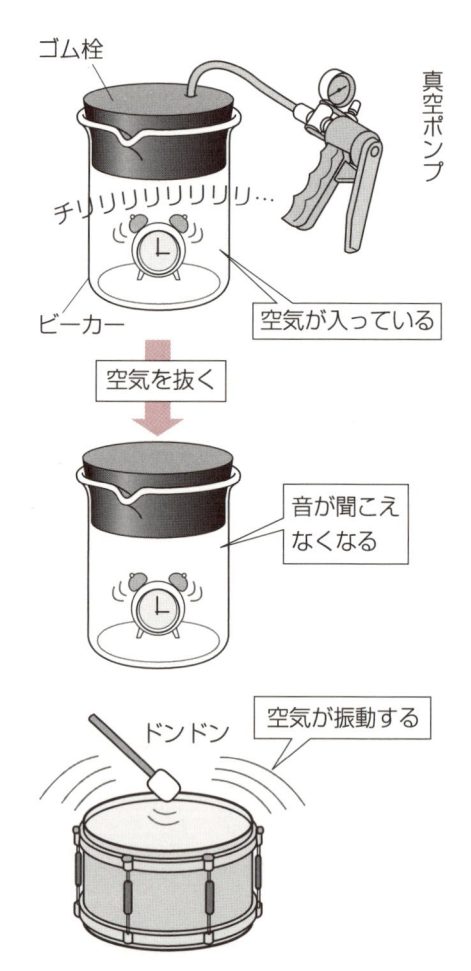

第2節　音色は波の重なり方次第

音の高さ・強さ・音色を音の3要素と呼びます。

■ 音の高さ ■　音の高さは"波の振動数によって決まります"。"振動数が少ない音波は低い音"として聞こえ，"振動数が多い音波は高い音"として聞こえます。なお，人間が聞くことができる音波の振動数は個人差や年齢差もありますが，およそ20Hz〜20,000Hz（20kHz）で，20kHz以上の振動数は人間には聞こえない超音波といわれる音です。また，ちょうど倍の振動数をもつ音波は，1オクターブ※高い音として私たちには聞こえます。

振動数が多い ⇨ 高い音
振動数が少ない ⇨ 低い音

※1オクターブは，ド・レ・ミ・ファ・ソ・ラ・シ・ドの低いドから高いドまでの音程の差になります。

■ 音の強さ ■　音の強さは，"波の振幅に関係"します。"振幅が小さい音は弱く"，"振幅が大きい音は強く"聞こえます。しかし，振幅が2倍になっても私たちには2倍の音量になったとは感じません。例えば，振幅が10倍になると音量は2倍に，振幅が100倍になると音量は3倍というように，人間は小さな音の変化には敏感で，大きな音の変化に対しては鈍感なのです。この感受性を数式で表すと対数特性になっており，心理学ではウェーバー・フェヒナの法則として知られています。これは聴覚に限ったことではなく，視覚や嗅覚も同じような特性があります。人間も生き物として考えた場合，外界の変化を敏感に察知することが生き抜いていくためには重要になります。静かな場所では小さな物音にも敏感でいないといけませんが，騒がしい場所で同じ感受性を保っていると，感覚器官の許容量を超えて何も

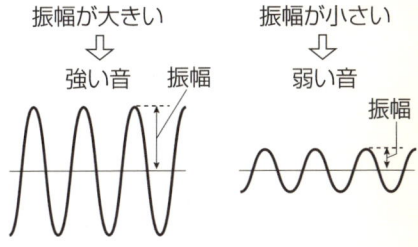

振幅が大きい ↓ 強い音　振幅
振幅が小さい ↓ 弱い音　振幅

第4章　救急車のサイレンはどうして音が変わる？

聞こえなくなってしまい，かえって危険を察知できなくなってしまいます。一定のレベルに反応するのではなく，外界の状況に合わせてその変化量を察知する特性は，生存していく上で有効にはたらいたのでしょう。

■ **音色** ■　ギターとピアノが同じ"ド"の音を出していても，私たちは楽器の違いがわかります。それは**音色**が違うからです。両端を固定された弦は，両端が節（→p.109），まん中が腹（→p.109）になる振動が基本となります。これは**基本振動**と呼ばれますが，弦が振動する際には，この基本振動だけではなく，腹が2つできる2倍振動，3つできる3倍振動……と整数倍の振動数をもつ振動も混ざっています。それはオクターブ高い音の重ね合わせとして私たちには聞こえます。この倍振動の混ざり方が楽器によって異なっているので私たちはそれを音色の違いとして感じることができるのです。

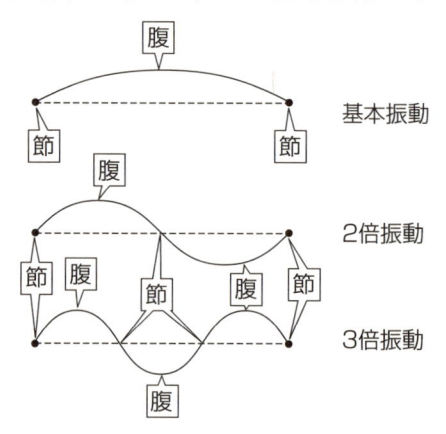

共鳴

弦の一端にある振動を与えると，その振動は弦を何回も往復し，互いに干渉（→p.109）します。すると特定の振動数のときに，山や谷が同じところに留まるようになります。基本振動や倍振動はこの典型的な例で，その振動数を**固有振動数**，動かない波を**定常波**と呼びます。

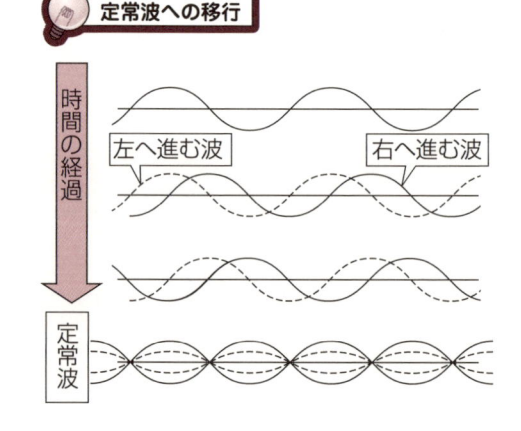

第 2 節　音色は波の重なり方次第

　同じ固有振動数をもつ振動体を 2 つ用意して，片一方を振動させるとどうなるでしょうか。

　たとえば同じ固有振動数の音叉の片一方を鳴らすと，音叉の振動が音波となって空気中を伝わっていきます。もう一方の音叉は，空気（媒質）を介して固有振動数の振動を与えられるので，その振動が強め合う干渉を起こし，音叉は振動し始めます。すなわち鳴らしていないはずの音叉が鳴り始めるのです。このように定常波によって強め合う干渉が起き，新たな振動や強い振動が発生する現象を**共振**と呼び，特に音の場合を**共鳴**といいます。

　たとえば，空のビンの口元からビンの中に息を吹き込むと特定の高さの音が出ます。これもビンの中の空気に定常波ができることによる共鳴です。ビンに水をいれてビンの中の空気の量を変えて息を吹き込んでみてください。水が増えると音が高くなるはずです。これは，ビンの中の空気の層が狭くなると定常波の波長が短くなるので，振動数が多くなり共鳴音が高くなるのです。

第4章　救急車のサイレンはどうして音が変わる？

うなり

では，振動数が近い音を同時に鳴らすとどのように聞こえるでしょうか。これは音の強弱が周期的に変化する「ワァーン，ワァーン」という**うなり**の音に聞こえます。うなりの振動数fは，もとの2つの振動数f_1, f_2の差になります。振動数はマイナスでは表さないので，絶対値記号を使うと，うなりの振動数fは次のようになります。

うなりを示す式

$$f = |f_1 - f_2| \quad (9)$$

ところで，空気中を伝わる音の速さはどのくらいでしょうか。空気中での音速は，およそ340m/s，時速にすると1200km/hとなります。結構速そうですが，100m離れた人たちには，0.3秒ぐらいの音の遅れがあるわけですから，これぐらいなら観察できそうです。50メートル間隔で人に立ってもらい，先頭の人のそばから音を出し，それが聞こえたら手を挙げてもらうことにすると，音の伝わる様子を"見る"ことができます。または雷が光ってからゴロゴロと音が聞こえるまでの秒数を計ると，落雷した場所とのおよその距離がわかります。空気中の音速は約340m/sですから，3秒で1km，6秒で2km離れたところということになります。

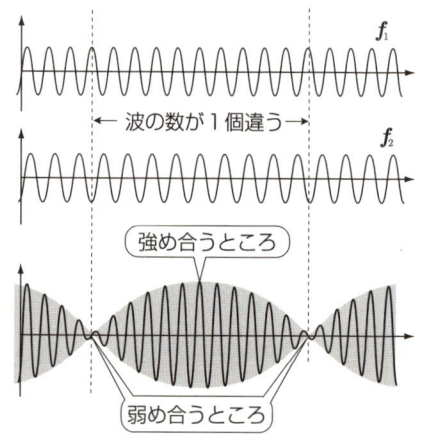

音は伝わる媒質の種類や状態によって速さが異なってきます。たとえば，ヘリウム気体での音速は970m/s，水中での音速は約1500m/s，固体の鉄では約6000m/sです。液体中や固体中では気体中よりも速く音が伝わります。線路に耳をつけると電車が来る音が先に聞こえるのはこのためです。

　空気の音速も気温や湿度によって変わります。乾燥したt〔℃〕の空気中を伝わる音の速さv〔m/s〕は，

$$v = 331.5 + 0.6t \tag{10}$$

となります。

　したがって，気温15℃ぐらいですと，$331.5 + 0.6 \times 15 = 340.5$ となり，常温における音速は約340m/sとなります。

　なお，与えられた波長λに対する音波の振動数fは，p.107の(2)式$v = f\lambda$の関係があるので，音の速さvに依存します。そして，この音の速さvは，音を伝える媒質によって決まっていますから，同じ波長の音であっても媒質によって振動数が変わり，高い音に聞こえたり低い音に聞こえたりします。

　身近な例で見てみましょう。ヘリウムを吸引すると声が高くなり，おかしな声に聞こえるマジック・ボイスとかダック・ボイスといわれるものをご存知の方も多いのではないでしょうか。これはヘリウムの音速が空気より大きいために起こる現象です。空気中に比較してヘリウム中では $970 \div 340 = 2.9$倍 の音速になります。つまり，振動数が倍になると1オクターブ高い音に聞こえるので，ヘリウム中では2オクターブ近く高い音に聞こえます。しかし，実際には100％のヘリウムを吸い込むと窒息してしまいますので，市販されているグッズには10〜20％は酸素が混じっています。したがって，振動数の上昇も1オクターブぐらいですが，いずれにせよ高い声として聞こえるのです。

第4章　救急車のサイレンはどうして音が変わる？

ドップラー効果

　救急車が目の前を通り過ぎるとき，サイレンの音が，近づいてくるときは高く，遠ざかっていくときは低く聞こえます。音の高低は振動数によって決まりますから，これは振動数が変化しているのです。テレビでカーレースを見ていても，カメラの前をマシンが通り過ぎると排気音が急に下がったように聞こえます。このように，音源そのものの振動数とは異なった振動数の音が観測される現象を**ドップラー効果**と呼びます。

　音源が振動数 f_0 の音を出しているとしましょう。音源が動いていない場合は，音源から出た音波の波面は等間隔の同心円状に広がっていきます。このときの波長 λ は，音速を V とすると，p.107の(2)式 $v = f\lambda$ より

$$\lambda = \frac{V}{f_0} \qquad (11)$$

です。しかし，音源（Sとする）が速度 v_S 〔m/s〕で動いている場合，進行方向では波が"詰まって"きて，$V - v_S$〔m/s〕中に f_0〔個/s〕の波が存在します。このときの波長 λ_S は，

$$\lambda_S = \frac{V - v_S}{f_0} \qquad (12)$$

となります。したがって，観測される振動数 f は，p.107の(2)式より

$$f = \frac{V}{\lambda_S} = \frac{V}{V - v_S} \times f_0 \qquad (13)$$

となり，f は f_0 より大きいので，高い音として聞こえます。

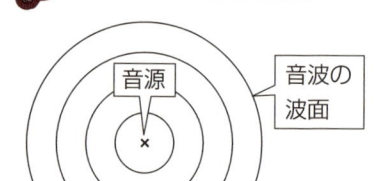

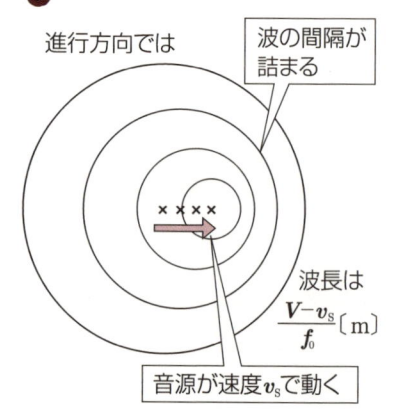

同様に音源Sが遠ざかる場合は，$V+v_S$〔m/s〕中にf_0〔個/s〕の波が存在するので，このときの波長λ_Sは

$$\lambda_S = \frac{V+v_S}{f_0} \quad (14)$$

となります。

したがって，観測される振動数fは，

$$f = \frac{V}{\lambda_S} = \frac{V}{V+v_S} \times f_0 \quad (15)$$

となり，fはf_0より小さいので，低い音として聞こえます。

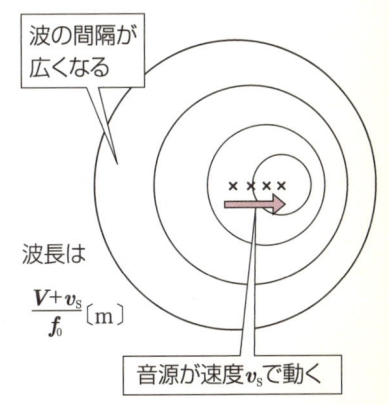

では，音源は止まっており，観測者が動いている場合はどうでしょうか。電車に乗って踏切を通過しながら遮断機の音を聞いている場合がこれに相当します。

音源からは同心円状の波が出ているので，波長は(11)式のまま，

$$\lambda = \frac{V}{f_0} \quad (11)$$

で変化しません。

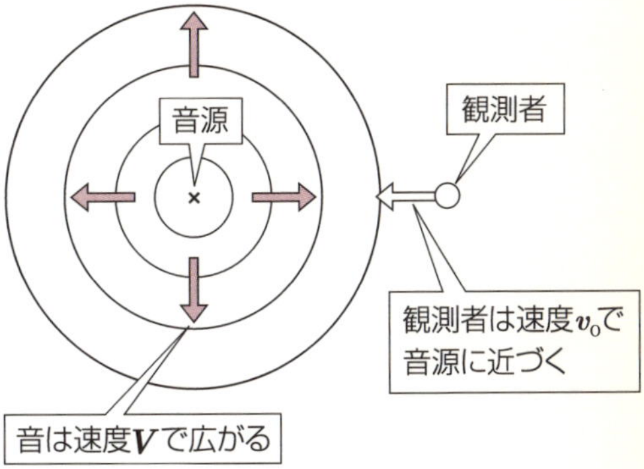

一方，観測者(Oとする)がv_O〔m/s〕の速度で音源に近づく場合，観測者Oに対する音の速さは，$V+v_O$〔m/s〕なので，観測される振動数fは，

$$f = \frac{V+v_O}{\lambda} = \frac{V+v_O}{V} \times f_0 \quad (16)$$

となります。

音源が動いているとき

音源が遠ざかる場所では波の間隔が広くなる

波長は $\frac{V+v_S}{f_0}$〔m〕

音源が速度v_Sで動く

観測者が音源に近づくとき

音源　観測者

音は速度Vで広がる

観測者は速度v_Oで音源に近づく

第4章 救急車のサイレンはどうして音が変わる？

また，観測者Oが音源から遠ざかる場合も同様にして，

$$f = \frac{V - v_O}{V} \times f_0 \tag{17}$$

となります。

では，以上のことをまとめておきましょう。近づく場合と遠ざかる場合を分けるのは面倒なので，音波の進行方向を常に正とし，符号も含めて速度を考えます。すると，(13)式と(15)式は，次の(18)式で表すことができます。

$$f = \frac{V}{V - v_S} \times f_0 \tag{18}$$

同様に(16)式と(17)式は，次の(19)式となります。

$$f = \frac{V - v_O}{V} \times f_0 \tag{19}$$

以上より，(18)式と(19)式から，音源も観測者も動く場合を考えると，次のドップラー効果を示す式としてまとめられます。

ドップラー効果を示す式

$$f = \frac{V - v_O}{V - v_S} \times f_0 \tag{20}$$

ドップラー効果を利用すると直接手が届かないものの動きを知ることができます。たとえば医学では，血管内の赤血球や白血球に超音波を送り，返ってきた音波(エコー)の振動数を測定して，血流速度を測定することに応用されています。また，コウモリが超音波を出してそのエコーによって障害物や獲物を探すことは有名ですが，ある種のコウモリはドップラー効果による振動数のズレを検知して，えさとの相対速度を測っています。

コウモリは，自ら発した超音波のエコーによって障害物の位置やえさの位置を認識します。

光の不思議

3 光の色も波まかせ

マイケルソンとモーレー

　音と同様，光も私たちのまわりにあふれていますが，光は実におもしろい性質をもっています。まずは光を伝える媒質を考えてみましょう。水中のものが少し浮かんで見えたり，鏡で自分の姿が見えるのは，光が屈折したり反射したりするからです。屈折・反射は波特有の現象ですから，光は波の性質をもっていることになります。波を伝えるためには媒質が必要であり，遠くの星が見えるということは，星からの光が宇宙空間を伝わってきたということです。つまり，宇宙は媒質に満たされていることになります。19世紀には，宇宙は**エーテル**と呼ばれる媒質に満たされており，そこを光が伝わってくると考えられていました。そこで，アメリカの**マイケルソン**と**モーレー**は，「エーテルの中を地球が公転しているならば，地球から見るとエーテルに流れがあることになる。その流れに乗って光が進んだ場合と垂直な方向に光が進んだ場合とでは，光の往復時間に差ができる」と考えて，ハーフミラー※で2方向に分けた光の速度の精密な測定を行いました。

マイケルソンとモーレーの実験

①→②→③→⑥と
①→④→⑤→⑥の
光の速度差を調べる。

※ハーフミラーとは，ある程度の光は反射するが，残りの光は透過する性質をもった鏡のことです。

第4章　救急車のサイレンはどうして音が変わる？

しかし，いくら精密に測っても光の速度は一定であり，エーテルによる影響は検出できませんでした。この測定は，光の速度を変えるようなエーテルの流れはないことをはっきりさせ，ひいては光を伝える媒質としてのエーテルの存在を否定してしまったのです。

光（電磁波）のスペクトル

同じころ，イギリスの**マックスウェル**は，理論的に光は**電磁波**と呼ばれる**電気的な振動と磁気的な振動を合わせもつ波**であり（詳しくはp.138），媒質のない真空中でも伝わることができることを示しました。そしてドイツの**ヘルツ**がそれを実験的に確かめ，ようやく**光は真空中を伝わる横波**であることがわかったのです。

■ **電波・マイクロ波** ■　光（電磁波）は波長の長さによって呼び名と性質が変わっており，**波長による電磁波の分類を**スペクトル**と呼びます。波長が長い電磁波は電波（でんぱ）**です。障害物をうまく乗り越えたり建物の中に入り込みやすいので，テレビやラジオの放送に利用されています。電波は目に見えないので光とは違うものと思いがちですが，実は波長が違うだけ（といってもケタはずれに違うのですが）で，同じ電磁波なのです。**波長の短い電波はマイクロ波**とも呼ばれ，電子レンジにも利用されています。波長約12cmのマイクロ波を食物に当てると，食物中の水の分子などが1秒間に24億5千万回も揺さぶられます。これは波長と振動数の関係を示したp.107の(2)式，$v = f\lambda$ を用いると，簡単に導くことができます。電磁波の速度（記号はcとする）は30万km/s＝3×10^8m/s，波長λは12.25cm＝0.1225m なので，

$$f = \frac{c}{\lambda} = \frac{3 \times 10^8}{0.1225} = 2.45 \times 10^9 \,〔\text{Hz}〕$$

となります。このときの摩擦で熱を発し，食物を温めたり調理したりすることができるのです。

■ **赤外線・可視光** ■　マイクロ波よりももう少し波長が短い光を**赤外線（せきがいせん）**と

第3節 光の色も波まかせ

呼びます。相変わらず目には見えませんが，私たちは熱として赤外線を感じることができます。そして，波長が0.77〜0.38μm（1μm＝1000分の1mm＝0.001mm）の光を私たちは目で感じることができます。したがって，この波長帯の光を可視光（かしこう）と呼んでいます。私たちの目は波長の長い可視光を赤く感じ，波長の短い可視光を青く感じます。虹は「赤・橙・黄・緑・青・藍・紫」と七色に並んで見えますが，これは水滴による屈折によって波長の順に並んだ光が，色の違いとして見えているのです。なお，マイクロ波では1mの中に1〜1000個程度の波しかありませんが，可視光まで波長が短くなると1mの中におよそ200万個の波が詰まっています。

■ **紫外線** ■ 可視光よりも波長が短くなると紫の外側の光という意味で，紫外線（しがいせん）と呼ばれます。日焼けの元としても有名です。波長の短い光はエネルギーが大きいため，日焼けだけでなくミクロな分子を傷つけることがあります。そのため，次第に生命体を害していきます。しかし，その性質を逆に利用し，紫外線を用いた殺菌も行われます。

■ **X線** ■ 紫外線よりも波長が短くなると，人間の肉を突き抜けるほどのエネルギーとなります。これをX線（エックスせん）と呼びます。しかし，肉は突き抜けても骨や歯は突き抜けることができないので，特殊なフィルムを使うと骨の様子を撮影することができます。この性質を利用してX線は**レントゲン**として医療に使われていますが，X線を浴びすぎると体によくないのはご存じですね。

そして最後に，X線よりも波長の短い光をガンマ線と呼びます。

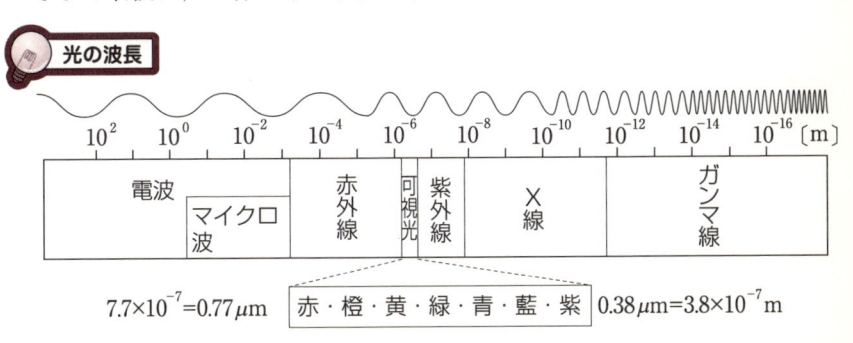

💡 **光の波長**

電波		赤外線	可視光	紫外線	X線	ガンマ線
	マイクロ波					

10^2　10^0　10^{-2}　10^{-4}　10^{-6}　10^{-8}　10^{-10}　10^{-12}　10^{-14}　10^{-16}〔m〕

$7.7×10^{-7}=0.77\mu m$　赤・橙・黄・緑・青・藍・紫　$0.38\mu m=3.8×10^{-7}m$

第4章 救急車のサイレンはどうして音が変わる？

光の速度

　真空中の光の速度は約30万km/sです。1秒間に地球を7周半回ってしまうとよくいいますが、そんな速度をだれがどのようにして測ったのでしょうか。

　光の速さを最初に測ろうとしたのは、ガリレオ・ガリレイです。1610年にガリレオは、覆いをかぶせたカンテラ※を持った2人の人物を数km離して立たせて、一方の人が覆いをはずして光を送り、もう一方の人は相手の光を見たら覆いを外して光を送り返すことにして、最初に光を送ってから相手の光を見る時間差で光の速さを測ろうとしました。しかし、2人をいくら遠ざけても結果は同じでした。光は1秒間に地球を7周半回ってしまうことを知っている私たちからすれば当然のことで、いくら地球の上で離れても、人の反応速度を測っているにすぎないことになってしまいます。結局この実験は失敗に終わりました。

※カンテラとは、油を用いて明かりを灯す携帯用の照明器具です。

　光の速さを最初に求めたのは、デンマークの天文学者レーマーです。1675年、パリ天文台にいたレーマーは、木星の衛星イオが木星の影に隠れて見えなくなる"食"の観測から秒速21.1万kmという値を導いています。

　地上での光の速度の測定は、1849年、フランスのフィゾーによって実現しました。彼は遠方に鏡を置き、光が反射して返ってくる通り道に回転歯車を用意して、歯車をだんだんと速く回していきました。歯車の凹部から出ていった光が返ってくる間に歯車の歯の半周期分だけ回ると光は歯車の凸部に

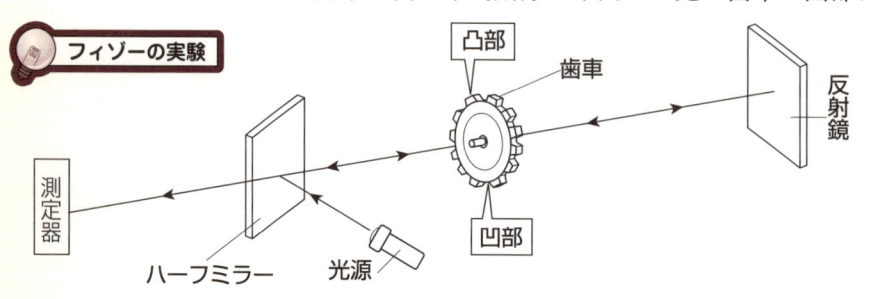

フィゾーの実験

第3節　光の色も波まかせ

Column　レーマーの光速の測定

　1675年パリ天文台にいたレーマーは，木星の衛星イオが木星の影に隠れて見えなくなる"食"を観測していました。レーマーは，その食と食の間隔が，地球が木星の軌道に近づいているときは早くなり，逆に木星の軌道から遠ざかっているときには遅れることを見いだしました。レーマーは，ある決まった速度（有限な速度）の光の地球に達するまでの時間が，地球—木星間の距離の違いによって変化するためだと考えました。レーマーが観測した時間差は最大で22分でした。これで地球軌道の直径を割ることにより，光速度として21.1万km/sという値を求めたのです。この値は現在知られている光速の7割程度と正確ではありませんが，今から300年以上も前に物理現象を正しく理解し，ケタが合った測定をしたことは驚くべきことであり，称賛に値します。しかし，当時は光の速度は無限大という考え方が当たり前であったので，レーマーは同時代の人達に認められないまま，1710年に亡くなりました。

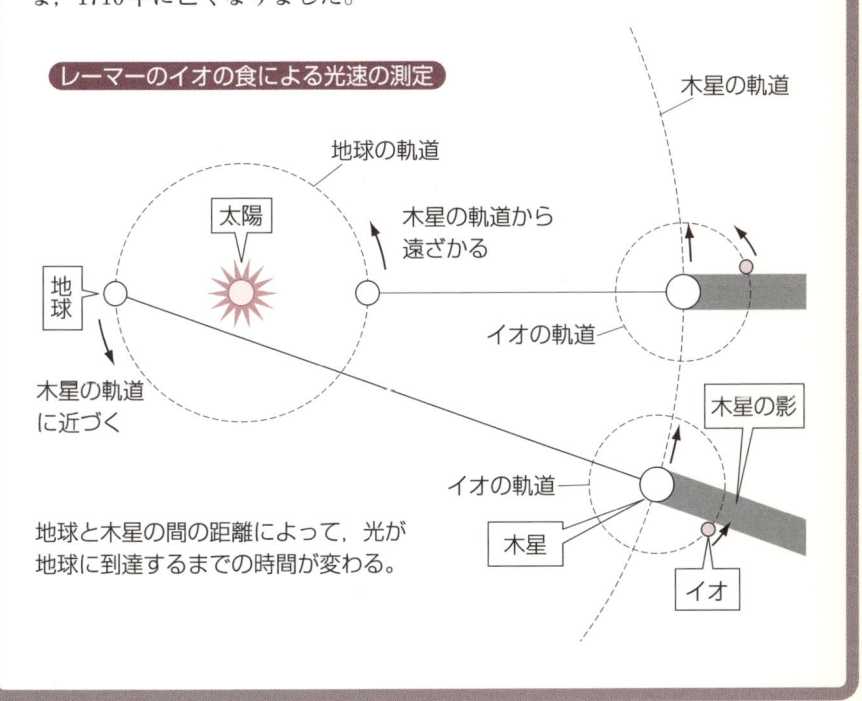

レーマーのイオの食による光速の測定

地球と木星の間の距離によって，光が地球に到達するまでの時間が変わる。

第4章　救急車のサイレンはどうして音が変わる？

当たって見えなくなります。この明るさの変化を利用して，秒速31.3万kmという値を求めています。フィゾーの助手をしていたフランスの**フーコー**は，この実験をさらに改良し，秒速29.8万kmという非常によい値を1862年に求めました。

　その後，マイケルソンたちによって測定法が改良されたり，20世紀になって電波技術やレーザーを応用した別の方法による測定も行われて，1 m/s以下の精度での光の速さの測定が可能になり，現在では29万9792.458km/sという値が採用されています。

Column　フーコーの光速の測定

　1862年，フランスのフーコーはフィゾーが使った回転歯車のかわりに回転鏡を使って，実験を改良しました。回転鏡で反射した光が反射鏡に当たって返ってくる間に，回転鏡の角度が変わっています。その回転角に応じて観察面にできる像の位置が元の位置からずれるはずです。フーコーは20m先に反射鏡を置き，回転鏡を1秒間に800回転させることによって，0.7mmだけ観察面での像の位置がずれることを確認しました。これにより，秒速29.8万kmを求めました。

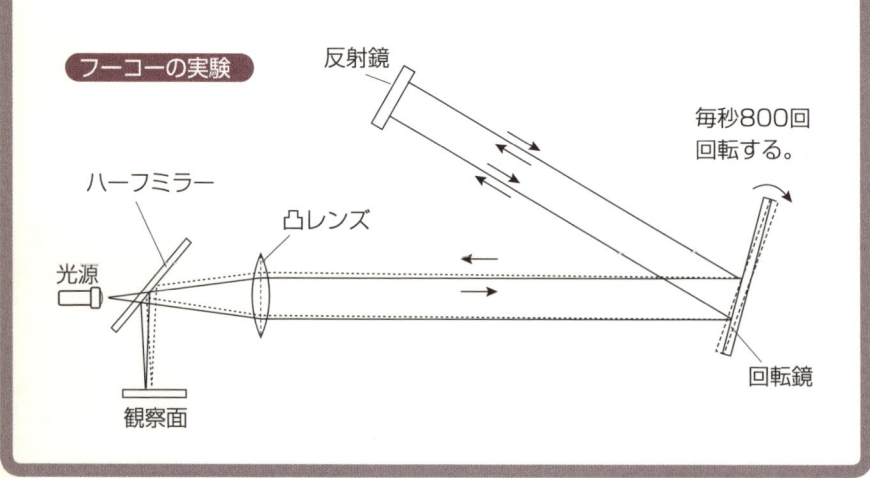

フーコーの実験

128

光の反射，屈折

反射と屈折は波の性質ですから，光の場合でも，基本的には第1節（→p.111）で述べたことが応用できます。

反射の場合では，一般の波と同様に**入射角と反射角は等しく**なります。

では，屈折の場合はどのようなことが起こるのでしょうか。まずは一般の波の屈折の式，p.113の(8)式から始めます。真空中の光の速度をc〔m/s〕，波長をλ_0〔m〕，物質中の光の速度をv_1〔m/s〕，波長をλ_1〔m〕とすると，(8)式 $\dfrac{v_1}{v_2} = \dfrac{\lambda_1}{\lambda_2} = n_{12}$ より

$$\dfrac{c}{v_1} = \dfrac{\lambda_0}{\lambda_1} = n_1 \tag{21}$$

となります。

ここでn_1は**絶対屈折率**といい，真空に対するある物質の屈折率を表しています。そして，さらに(21)式を変形すると，

$$v_1 = \dfrac{c}{\lambda_0} \times \lambda_1$$

$$n_1 = \dfrac{\lambda_0}{\lambda_1}$$

となるので，物質中では光の速度は波長に比例し，屈折率は波長に反比例することがわかります。

したがって，物質中では波長の長い赤い光のほうが波長の短い青い光より速く伝わり，屈折率は小さくなります。つまり，プリズムなどの物質を通った光は，波長の短い青い光ほど大きく曲げられるので，右の図のように波長によって別の方向に進むことになり，色

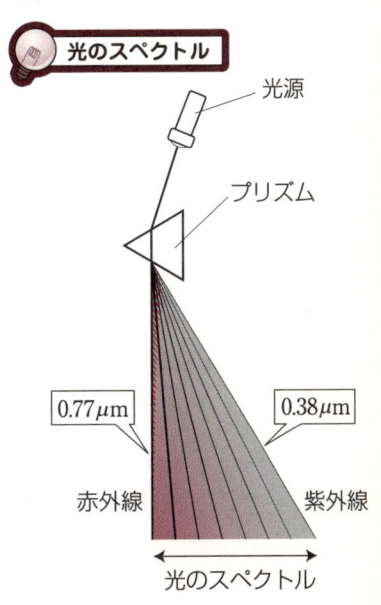

💡 **光のスペクトル**

光源
プリズム
0.77μm　　0.38μm
赤外線　　紫外線
光のスペクトル

第4章　救急車のサイレンはどうして音が変わる？

がずれて"虹"となるのです。この虹のことを光のスペクトルといいます。

0.589μmの光(黄色)に対する絶対屈折率

空気	水	エチルアルコール	石英ガラス	ダイヤモンド
1.00	1.33	1.36	1.45	2.42

石英ガラスとは，二酸化ケイ素のみからできたガラスのことをいいます。

全反射

光が，水中から空気中へのように，屈折率の高い媒質から低い媒質に進むときには，入射角によっては入射波全てが反射されてしまう全反射が起こります。この全反射の様子を見てみましょう。

まず，2種類の媒質間での屈折ですからp.113の(8)式より，

$$\frac{v_1}{v_2} = \frac{\sin\theta_1}{\sin\theta_2} = \frac{\lambda_1}{\lambda_2} = \frac{n_2}{n_1} \quad (22)$$

ここで，$\frac{v_1}{v_2} = \frac{\sin\theta_1}{\sin\theta_2}$ に注目します。$\frac{v_1}{v_2}$ は変化しないので，入射角 θ_1 を大きくしていくと，この比を保つように屈折角 θ_2 も大きくなっていきます（sinは角度が0°→90°の変化に対し，0→1と増えていきます）。それに伴い，屈折して空気中に出ていく光の量と，反射して水中へ戻る光の量の比率も変わっていきます。そしてついに屈折角が90°になると，光は水面にそって進まずに，全て反射するようになります。これが全反射で，このときの入射角を臨界角と呼びます。

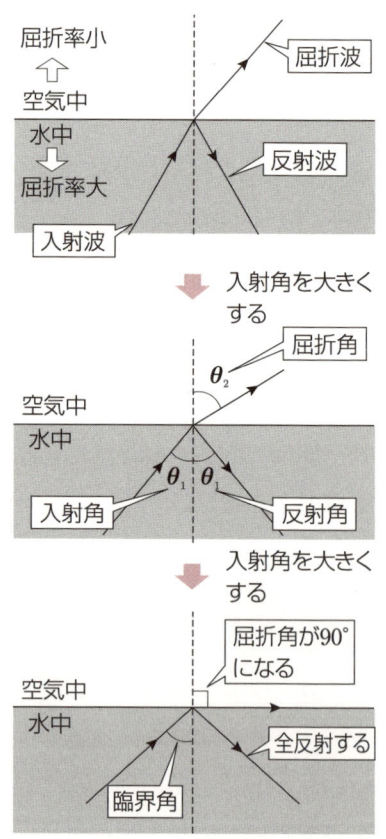

第3節　光の色も波まかせ

Column　虹の７色の順番は？

　雨上がりの空にかかることがある虹は，空気中の水滴が太陽光を屈折させてできます。光の波長によって屈折する角度が違うために色が分かれて虹になるのです。水滴に入射した光は，屈折―反射―屈折といった経路を通り，入射方向に対して約42度の方向に一番強く光を反射します。したがって，虹は太陽の真反対方向（向太陽点といいます）に対して約42度の円弧上を描くことになります。したがって，太陽高度が高いお昼頃は向太陽点が地平線より下になるので虹は小さく見え，朝夕の虹は大きく見えます。波長別に見ると，波長の短い紫色の光は屈折率が大きいので向太陽点に対して40.4度，波長の長い赤色の光は42.3度で一番強く反射されるので，外側から順に 赤・橙・黄・緑・青・藍・紫 と並びます。

　虹の外側にうっすらともう一重に虹が見えることがあります。これを副虹といい，水滴の中で２回反射して戻ってきた光によるものです。もう１回反射したことによって色の順番が反転しますので，副虹の色の順番はもとの虹とは逆になります。

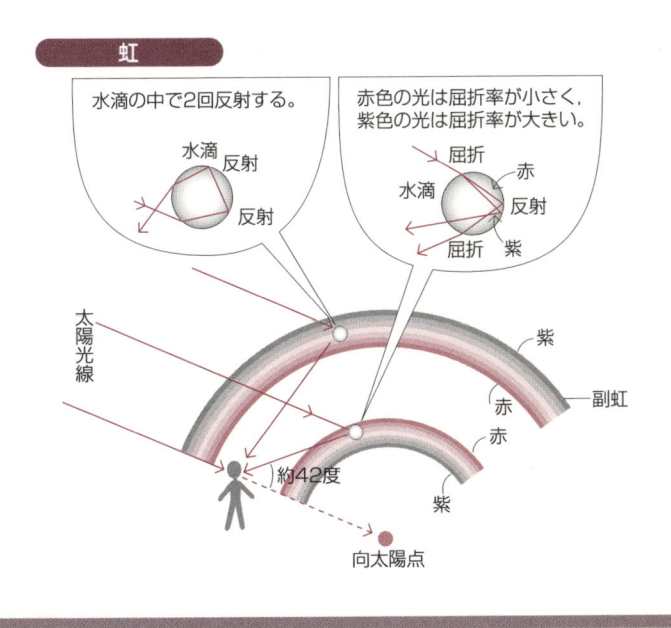

虹

水滴の中で2回反射する。
水滴　反射　反射

赤色の光は屈折率が小さく，紫色の光は屈折率が大きい。
屈折　赤　水滴　反射　屈折　紫

太陽光線
紫
赤
赤　副虹
紫
約42度
向太陽点

第4章 救急車のサイレンはどうして音が変わる？

なお，空気と水の絶対屈折率は1.00と1.33なので，この組み合せの場合（水を媒質1，空気を媒質2とする）は，(22)式に $\theta_2 = 90°$，$n_1 = 1.33$，$n_2 = 1$ を代入して，

$$\sin\theta_1 = \frac{1}{1.33} \quad \theta_1 = 48.8° \tag{23}$$

となり，物質の絶対屈折率から臨界角を求めることができます。

全反射を用いた例として，光ファイバーがあげられます。光を損失なく導く光ファイバーは，この全反射をうまく利用しているのです。光ファイバーは石英（二酸化ケイ素）でできている屈折率の大きいコアという材質と，屈折率の小さいクラッドという材質の2重構造になっています。屈折率をうまく選ぶことにより，光ファイバーが曲がっても，コアとクラッドの境界面で光が全反射するようになっており，外にもれることなく光を導くことができるのです。また，ダイヤモンドは屈折率が高いため，浅い角度の入射光も全反射します。そこで，面に適当な角度でカットを入れると，外から入射した光は，結晶の内面で何回も全反射を繰り返すことになります。これによってダイヤモンドは，結晶内部に光が満ちているように輝くのです。

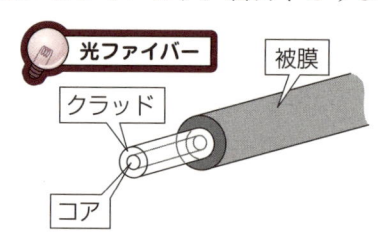

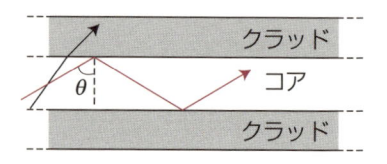

θ が大きいと，コアとクラッドの境界面で全反射する。
θ が小さいと，全反射しない。

光の回折と干渉

太陽光のような平行な光に，シャープペンシルの芯のような細いものをかざして影をつくると，その輪郭がぼけていることに気がつきます。これは光の回折（→p.111）によるものです。本来なら光が届かない影の部分に，光が

回り込むことによって鮮明なはずの影の境界がにじんだようにぼけるのです。このように波が障害物の背後に回り込む回折は光の場合にも起こりますが,光の波長はとても短いので,すき間が狭いスリットを使わないとうまく現象を観察することができません。

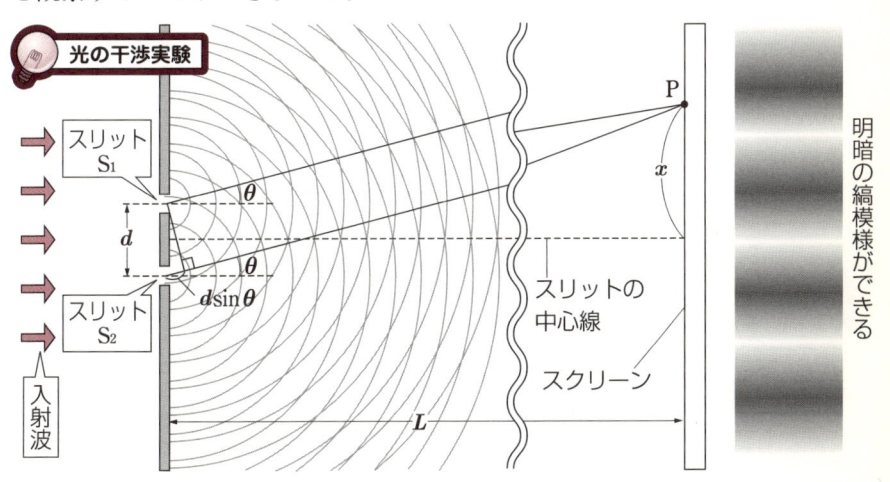

光の干渉実験

たとえば,上図のように同一光源から出た光を2つの細いスリットを通します。S_1,S_2を通過した光は回折を起こし,それぞれのスリットを波源とした円形波となって広がっていきます。そして2つの波は干渉を起こし,そのパターンはp.109の2つの波源から出た波の干渉と同じになります。山と山が重なる部分が強めあって明るい点に,山と谷が重なる部分が弱めあって暗い点となるので,スリットの先にスクリーンを置くと,明暗の縞が観察されます。

では,この明暗の縞模様は,どのような条件でできているのでしょうか。距離dだけ離れているスリットS_1とS_2を通過した光がスリットの中心線からx離れたスクリーン上のP点で出会うとします。スリットとスクリーンまでの距離Lが十分に長いとき,P点で出会う波はほぼ平行に進行してきているので,2つのスリットからの光の道筋の長さには$d\sin\theta$の差(**光路差**といいます)が生まれます。θは十分に小さいので

第4章　救急車のサイレンはどうして音が変わる？

$$d \times \sin\theta \fallingdotseq d \times \tan\theta = d \times \frac{x}{L} \quad (Lが十分に大きいとき) \tag{24}$$

となります。

　この光路差の値が波長の整数倍になったとき，山と山が重なってスクリーンに到達した光が明るくなります。また，光路差が2分の1波長ずれると，山と谷が重なってスクリーンに到達した光は暗くなります。そしてさらに2分の1波長ずれると明るくなる……を繰り返し，光路差が2分の1波長の奇数倍であれば弱めあい，波長の整数倍であれば強めあうことになります。また，スクリーンの中央は2つのスリットからの光路差が0なので明るくなります（→p.109）。したがって，スクリーン中央からm番目の明るい縞までの距離をxとすると，

$$d \times \frac{x}{L} = m\lambda \quad (m = 0, 1, 2\cdots) \tag{25}$$

という関係があり，これを変形すると，m番目の縞までの距離xについては，

$$x = m\lambda \times \frac{L}{d} \tag{26}$$

で表すことができます。これが光の**干渉縞**を表す式であり，波長が長い赤の光では，干渉縞の間隔が広くなることがわかります。

■ **回折格子** ■　ガラス板に，等間隔に平行な溝を刻んだものを**回折格子**(かいせつこうし)と呼びます。刻まれた細い溝は白く不透明なので，傷のない部分を光が透過します。これはたくさんのスリットを光が通過するのと同じ状態になるので，光が強く干渉し，鋭い縞模様が現れます。普通の白色光を入射させると，波長ごとに強めあう位置がずれるので，光のスペクトルを観察することができます。CD(コンパクトディスク)の表面に光を当てると，虹色に見えることがありますが，これも一種の回折格子です。ディスク表面は一見平らのように見えますが，実は規則的な凹凸が刻まれています。この凹凸により反射光が干渉し，虹色の模様となります。

第3節　光の色も波まかせ

■ **シャボン玉** ■　水に浮いた油やシャボン玉の表面にも虹色の縞が見えることがあります。これも光の干渉によるものです。シャボン玉をつくる石けん液のような薄膜に光が入射すると，膜の表面での反射光と，膜の裏面での反射光が干渉します。膜の裏面での反射角をθとすると，下図より膜の表面での反射と膜の裏面での反射の光路差は，$2d \times \cos\theta$です。一方，膜の表面のような屈折率小→大の面での反射の際に，光は$\frac{1}{2}$波長ずれるので，反射光が強めあう条件は，光路差が波長の整数倍ではなく，波長の$(m+\frac{1}{2})$倍となります（ただし，$m=0,1,2\cdots$）。また，膜内の光の波長は，屈折率をnとすると，$\frac{\lambda}{n}$になります。以上から反射光が強めあう条件は，「光路差がその媒質内での波長の$(m+\frac{1}{2})$倍ずれる」，

$$2d \times \cos\theta = \left(m + \frac{1}{2}\right) \times \frac{\lambda}{n} \qquad (27)$$

となります。このときも波長によって強めあう位置がずれますから，シャボン玉の表面には虹色の模様が見られることになります。

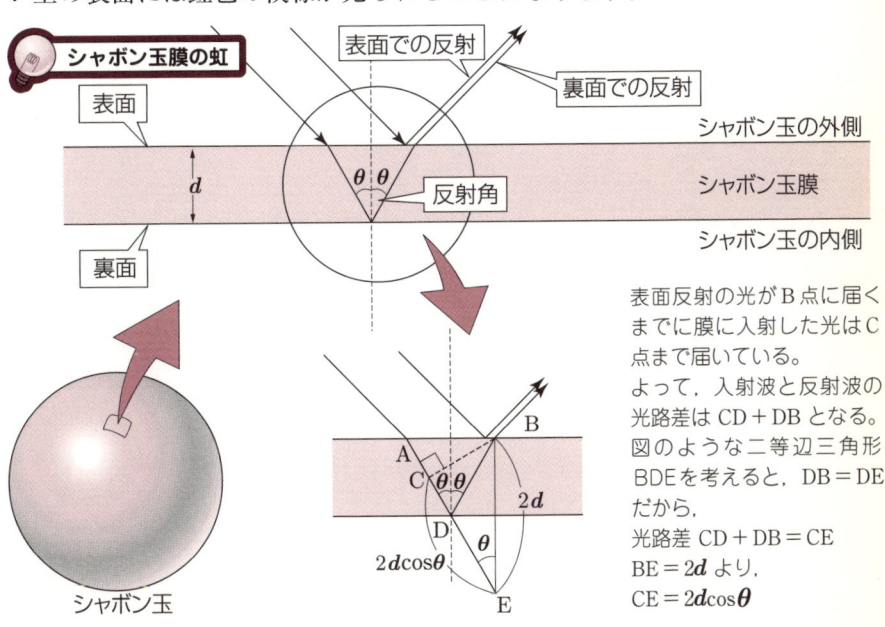

> シャボン玉膜の虹

表面反射の光がB点に届くまでに膜に入射した光はC点まで届いている。
よって，入射波と反射波の光路差はCD + DBとなる。図のような二等辺三角形BDEを考えると，DB = DEだから，
光路差 CD + DB = CE
BE = $2d$ より，
CE = $2d\cos\theta$

135

第4章　救急車のサイレンはどうして音が変わる？

光のドップラー効果

　音波のドップラー効果と同様，光もドップラー効果を起こします。音波の場合は音の高さの変化として観測されましたが，光の場合は色の変化として現れます。光源が近づいてくる場合には波長が短くなるので，青色にずれて見えます。これを**青方偏移**（せいほうへんい）といいます。逆に光源が遠ざかる場合には波長が長くなるので，赤色にずれて見えます。これを**赤方偏移**（せきほうへんい）といいます。

　天文学では，目標の天体は，とんでもなく遠くにあるので，近くまで行って色々と調べるわけにはいきません。したがって，天体からの光（電磁波）は，その天体の状態を知る上で，唯一といってもよい情報源です。たとえば，銀河の片端が青方偏移し，もう片一方の端が赤方偏移しているならば，この銀河が回転していることがわかります。20世紀の初め，アメリカのスライファーは観測した銀河のほとんどが赤方偏移していることに気がつきました。さらに，アメリカのハッブルは，この観測を発展させて，遠くの銀河ほど赤方偏移が大きい，すなわちより速く遠ざかっていることを発見し，これにより私たちの宇宙が膨張していることを知りました。身近な救急車のサイレン音の変化と同じ原理で，宇宙の膨張がわかってしまうのです。これが物理の面白いところであり，すばらしいところです。

　また，可視光以外でもドップラー効果は観測できるので，身近な場面で利用されています。たとえば，野球などで球速を測るスピードガンは，ボールに電波を当て（電波も電磁波の一種です），その反射波の波長のずれを測定してボールのスピードを測っています。自動車のスピード違反を取り締まる機械も，ドップラー効果で自動車の速度を測定しています。

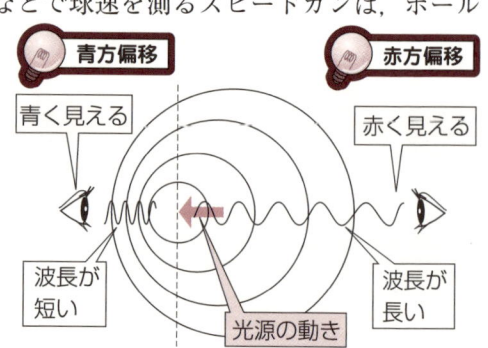

第3節　光の色も波まかせ

Column　赤方偏移とビッグバン宇宙

　アメリカの天文学者，エドウィン・ハッブルは1929年，遠くの銀河ほどより速く遠ざかっているという**ハッブルの法則**を見いだしました。この法則を使うと，遠くの銀河までの距離を測ることができます。私たちから遠ざかっている銀河は，光のドップラー効果により，光が赤いほうにずれます（赤方偏移）。その速度が大きいほど，光の色ずれは大きくなります。したがって，遠くの銀河からの光をスペクトルに分解し，どれだけ色ずれを起こしているかを調べれば，遠ざかっていく速度がわかります。そしてハッブルの法則から距離を求めることができるのです。

　また，宇宙が膨張しているということは，少し過去にさかのぼれば，宇宙は今よりも小さかったことになります。ずっと過去にさかのぼっていくと，宇宙はどんどん小さくなり，やがて一点に縮んでしまいます。これが宇宙の始まりであり，超高温高圧の大爆発による宇宙の始まり（**ビッグバン宇宙モデル**とよばれています）として，アメリカのガモフによって提唱されました。1965年にはペンジアスとウィルソンによって昔宇宙が熱かったときのなごりである**宇宙背景放射**が発見され，ビッグバン宇宙は広く受け入れられるようになりました。

ハッブルの法則

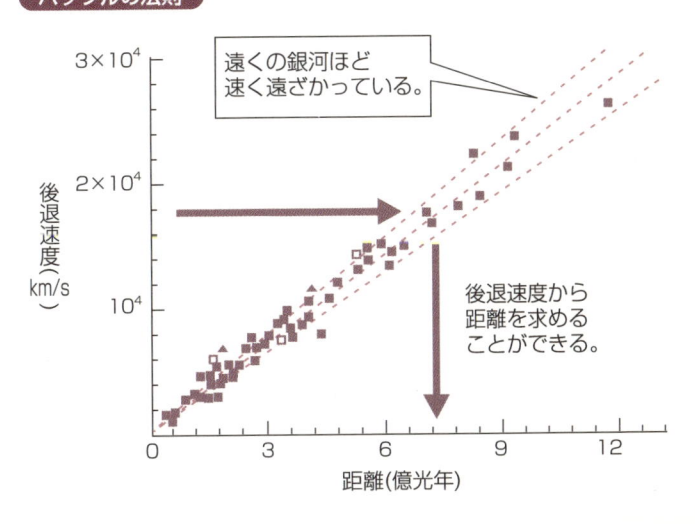

遠くの銀河ほど速く遠ざかっている。

後退速度から距離を求めることができる。

（縦軸：後退速度（km/s），横軸：距離（億光年））

偏光

光は次の図のように電場の振動と，それに直交する磁場の振動をもっている横波です。電気的な振動と磁気的な振動を合わせもつ波なので電磁波とも呼ばれます。

光の振動

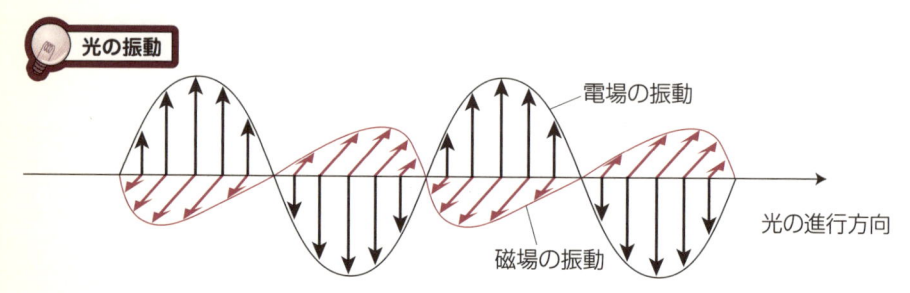

電場の振動
磁場の振動
光の進行方向

この横波の振動面は光の進行方向に直角であれば，360°自由にとることができ，特定の方向にだけ振動しているわけではありません。したがって，自然光にはあらゆる方向に振動する光が含まれており，このような光は偏りがない（偏光していない）といいます。逆に，特定の方向にのみ振動する光は，**偏光**と呼ばれます。

偏りのない光
あらゆる方向に振動する光
光の進行方向

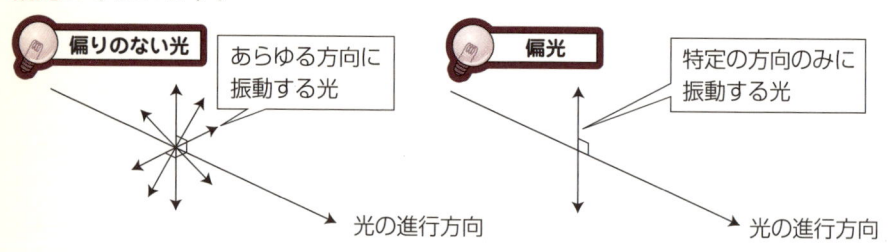

偏光
特定の方向のみに振動する光
光の進行方向

偏光は，特定の方向の光のみを通す偏光板に自然光を通すことによって，簡単につくることができます。次のページの図のように，1枚目の偏光板に自然光を通すと，光は少し暗くなりますが，2枚目の偏光板の軸が1枚目と平行なら，それ以上明るさは変化しません。2枚目の偏光板を回転させると，透過光の明るさは徐々に暗くなり，偏光の軸を1枚目と直交させると光はほとんど透過しなくなります。

第3節　光の色も波まかせ

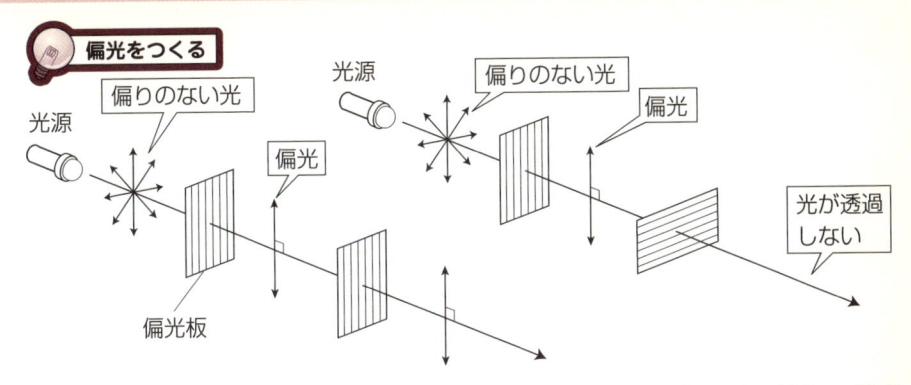

偏光をつくる

光源／偏りのない光／偏光／偏光板／光源／偏りのない光／偏光／光が透過しない

　ガラスや雪原などでの反射光は，入射光と反射光がつくる面に対して垂直な振動方向の光（ s 偏光と呼ばれています）を多く含んでいます。したがって，この振動方向の光と垂直に偏光板をセットすると， s 偏光を透過できなくなり，反射光のまぶしさを抑えることができます。偏光フィルターや偏光グラスはこの性質を利用し， s 偏光と垂直な偏光のみを透過するように設計されています。

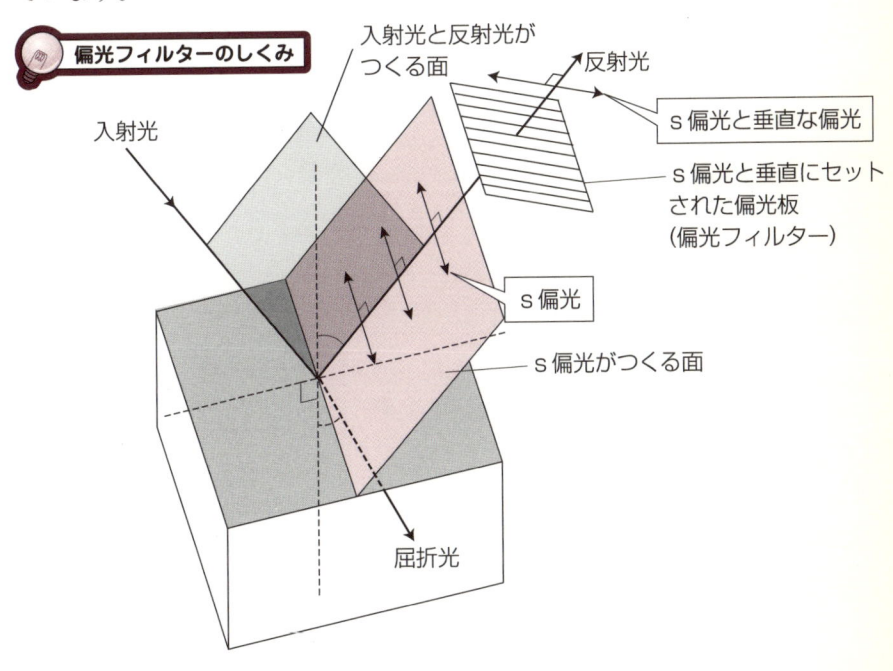

偏光フィルターのしくみ

入射光と反射光がつくる面／反射光／ s 偏光と垂直な偏光／入射光／ s 偏光と垂直にセットされた偏光板（偏光フィルター）／ s 偏光／ s 偏光がつくる面／屈折光

復習問題

❶ 音は，波として伝わり，その波の山から山（または谷から谷）までの長さを波長といいます。では，空気中で振動数が10Hzの音の波長は何mでしょうか。

ただし，空気中での音の速さを340m/sとします。　　（→p.107）

❷ 振動数が440Hzの救急車のサイレンが，416Hzで聞こえています。このとき，次の(1)，(2)に答えましょう。　　（→p.120）
(1) この救急車は近づいてきているでしょうか，それとも遠ざかっていっているでしょうか。
(2) この救急車は，何km/hの速さで走っているのでしょうか。

ただし，観測者は静止しており，救急車は観測者に対してまっすぐに運動しているものとします。また，観測場所における音の速さは340m/sとします。

❸ 下の図のようにスリットとスクリーンをセットし，S_1から単色光を入射させたところ，スクリーン上に干渉縞ができました。また，この干渉縞の中央の明るい線から，隣の明るい線までの距離を測ったところ，1.5mmでした。次の(1)，(2)に答えましょう。　　（→p.134）
(1) 入射光の波長は何μmでしょうか。

ただし，$S_2S_3=0.7$mm，スクリーンまでの距離を150cmとします。
(2) 波長0.47μmの青い光を入射した場合，干渉縞の幅は何mmになるでしょうか。

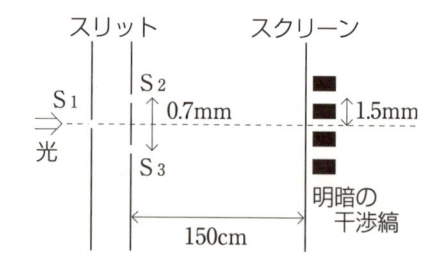

解答例は222ページ

電気と磁気への招待

第5章 電気ってどうしてモーターを回せるの？

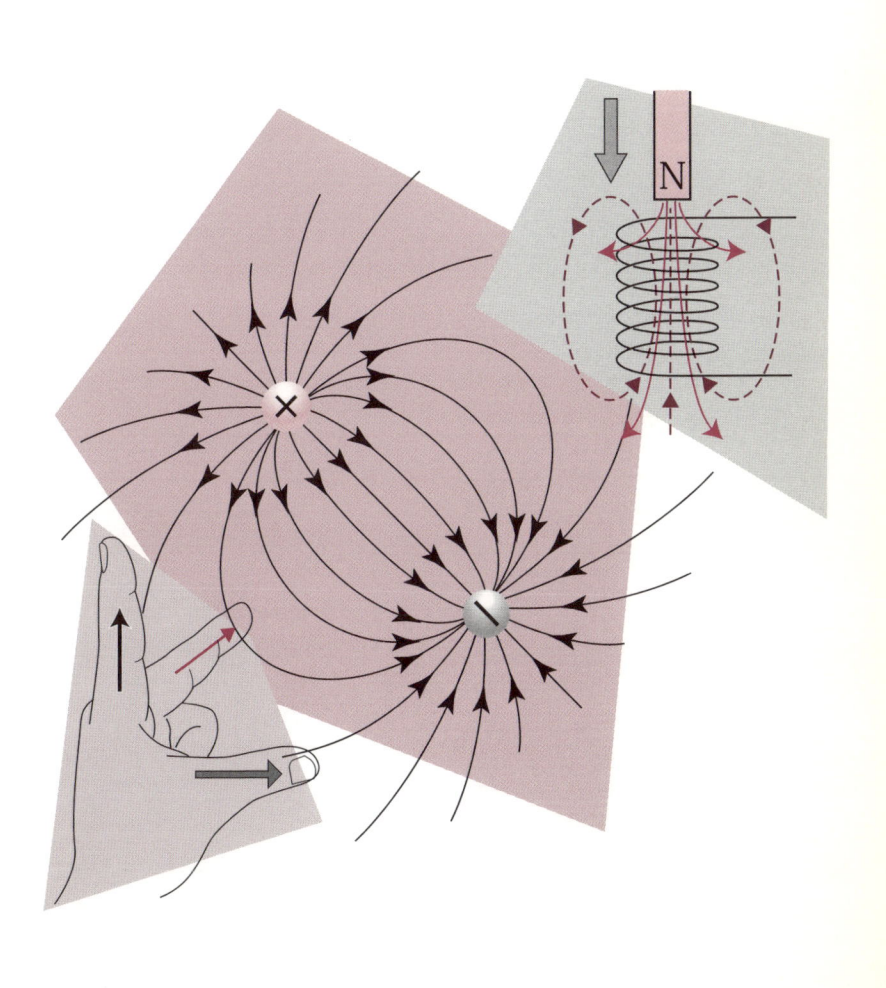

ようこそ物理室へ
パシッとくる静電気の正体は？

　冬の乾燥した日に勢いよくセーターを脱ぐと，パチパチと音がしたり，布がはりつくように感じることがあります。部屋を暗くしてセーターを脱ぐときなど，音とともに青白い光を観察できることもあります。また，ドアノブや自動車の取っ手にふれようとするとき，バシッという短い音とともに痛みにおそわれることもあります。これらは，すべて**静電気**のしわざです。

　プラスチックの下じきを服でこすって頭の上にかざし，髪の毛が逆立つのを見て，その存在をたしかめることもできます。このように静電気は日常的に出合うありふれた存在です。しかし，コンセントから利用できる電気と同じ"電気"という名前がついていても，その電気を取り出して，電灯をつけたりモーターを回し続けたりすることはできません。静電気とはいったいどんなものなのでしょうか？

車のドアにふれようとしたときにしびれる。

こすった下じきを頭の上にかざすと，髪が逆立つ。

■ 静電気の発見 ■

「電気にはどうやら2つの種類（今でいう，プラスとマイナスのことです）があるらしい」と最初に気がついたのは，フランスの**デュ・フェイ**です。彼はガラスをこすってできる電気を**ガラス電気**，琥珀などの樹脂をこすってできる電気を**樹脂電気**としました。ちなみに古代ギリシャの時代から，琥珀を布などでこすると，チリや羽毛が吸い寄せられることが知られており，これが"電気"ということばの語源になっています。電気や静電気のことを英語でelectricity（エレクトリシティ）といいますが，これはギリシャ語で「琥珀」を意味するēlektron（イレクトロン）がもとになっています。

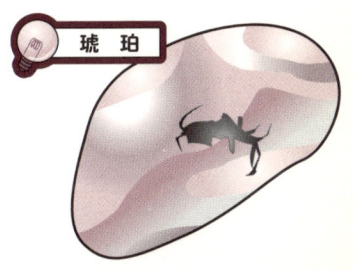

琥珀とは，地質時代の樹脂が地中で化石化したもので，ごくまれに昆虫や植物を含んだものもある。

その後，アメリカの**フランクリン**は，異なった種類の物質をこすりあわせると，それぞれが電気を帯びた状態（**帯電**といいます）になり，一方にたくわえられた電気と，もう一方にたくわえられた電気が引きつけ合うことに気がつきました。また，同じ物質を2つ用意して，各々を布でこすった後に近づけると，同じ物質どうしでは反発し合うことも発見しました。そこでフランクリンは，こすり合わせることによって"電気の素"が一方から他方へ移動し，一方は電気が過剰になり，他方は電気が不足すると考えました。そこで，ガラス電気を**正**（プラス），樹脂電気を**負**（マイナス）と名づけました。電気は物体間を移動することはあっても，勝手に生じたり，消滅することはなく，全体としての電気の量（**電気量**）は保存されると考えたのです。

19世紀になって，**トムソン**が"電気の素"としての**電子**（→p.190）を発見しました。しかし，この電子は樹脂電気と同じ性質，つまりマイナスの電荷をもっていました。樹脂電気は電気の素が不足してマイナスなのではなく，電子が過剰でマイナスになっていたのです。したがって帯電した物体を電気的

143

第5章　電気ってどうしてモーターを回せるの？

につないだとき，電子が過剰になったマイナスの状態の物体から電子が不足しているプラス状態の物体に電子が流れることになります。これは，プラスからマイナスへという電流の流れる方向とは逆になります。もしフランクリンが，樹脂電気をプラス，ガラス電気をマイナスと名づけていたなら，電子はプラスと表現されていたかもしれません。そして電流の方向と電子の流れる方向が一致することになったでしょう。

■ 導体と絶縁体 ■

金属のように電気を通す物質を**導体**，紙のように電気を通さない物質を**絶縁体**（または**不導体**）といいます。こすり合わせたことによって移動した電子は，絶縁体の表面では行き場がないので，そこに長く溜まっています。これが**帯電した状態**です。こうして溜まった電子が静電気の正体です。どちらの電荷に帯電するかは，発生条件や環境によって左右され，絶対的には決まりません。たとえば，琥珀を絹でこすると，琥珀は負，絹は正に帯電しますが，ガラスを絹でこすると，絹が負で，ガラスが正に帯電します。同じ絹でもこする相手によって溜まる電荷が違うのです。これを判別する方法として，**摩擦電気系列**というものがあります。下に並べた8つの物質のうちの2つの物質をこすると，左側にあるものが正，右側にあるものが負に帯電します。

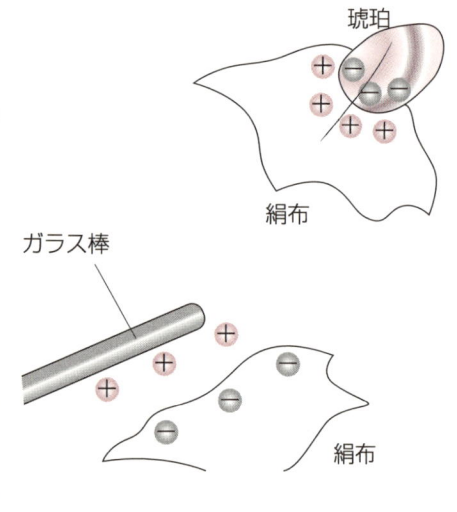

摩擦電気系列

正　←　毛皮，ガラス，雲母，絹，真綿，木材，琥珀，樹脂　→　負

ようこそ物理室へ　パシッとくる静電気の正体は？

■ 放電 ■

　正に帯電した絶縁体と，負に帯電した絶縁体とを導体でつなぐと，電子の通り道ができるので，負の側の余分な電子は，正に帯電した絶縁体に向かって勢いよく流れ込みます。これを**静電気放電**といいます。放電の結果として，電気は互いに打ち消し合います（これを**中和**といいます）。

　ドアのノブに触れたときに感じる「バシッ」という痛みは，静電気が放電により，電気の導体である人体を通過する際に私たちが感じるショックです。このときの電圧（第2節参照）は，数千Vから1万Vに達することがあります。ちなみに，人のからだは，金属に比べれば電気を通しにくいのですが，空気に比べれば電気を通しやすいので，周辺に人体より電気を通しやすいものがないときは導体とみなすことができます。人体の電気抵抗（第2節参照）は，乾燥している場合は5,000Ω程度，湿っている場合は2,000Ω程度といわれています。人体成分中，水分やタンパク質は電気を通しやすく，脂肪は電気を通しにくいので，電気抵抗を測定することにより，人のからだの脂肪分を推定することができます。両手で金属製のバーを握る体脂肪計は，体に弱い電流を流し，人体の電気抵抗を計っているのです。

体脂肪計

からだに電流を流して，その抵抗の大きさで体脂肪率を推定する。

145

第5章　電気ってどうしてモーターを回せるの？

　電気がたまりすぎると，空気中でも放電が起こります。これが雷です。落雷は雷雲に帯電した静電気が，大地との間で起こす（静電気）放電現象です。このときの電圧は数百万 V 以上になります。ちなみに，雷雲と大地とではどちらがプラスでしょうか？

　正解は大地です。詳しいメカニズムはよくわかっていませんが，激しい上昇気流によってできる雷雲は，上のほうはプラスに，下のほうはマイナスに帯電します。下方の電荷に引きつけられるように大地がプラスの電荷を帯びるのです。

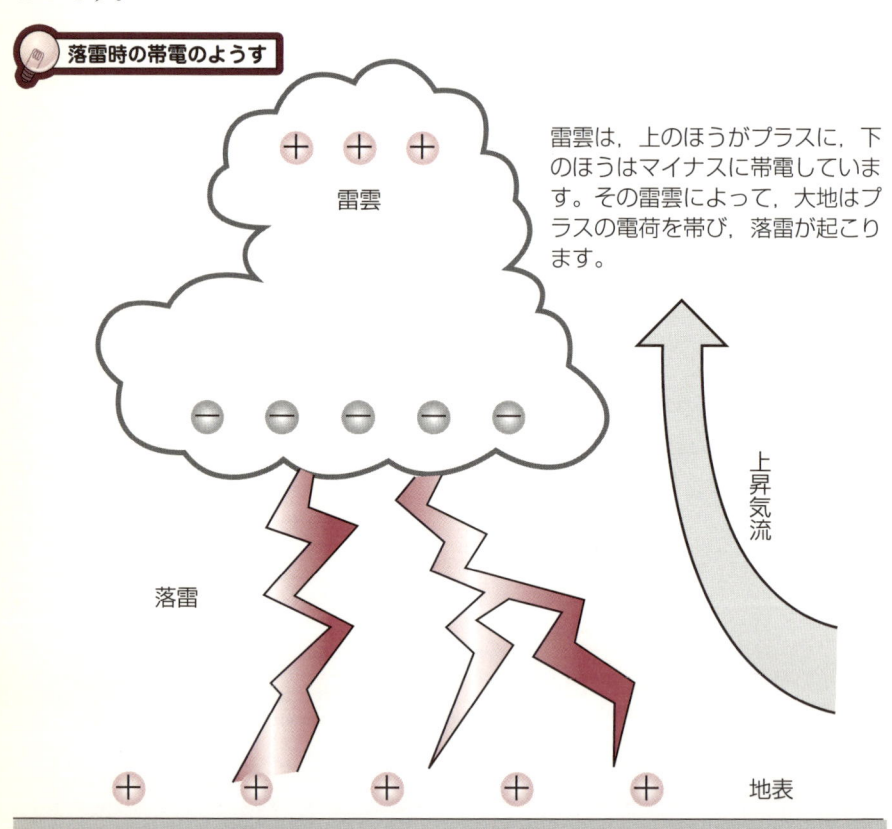

落雷時の帯電のようす

雷雲は，上のほうがプラスに，下のほうはマイナスに帯電しています。その雷雲によって，大地はプラスの電荷を帯び，落雷が起こります。

1 静電誘導とクーロンの法則

電場と電位

静電誘導

　雷雲と大地の関係のように電気を帯びた物体によって他の物体も電気を帯びる現象を，**静電誘導**といいます。そのしくみを見てみましょう。

　絶縁体の内部では電子は自由に動くことができませんが，導体の内部では，自由に動くことができます。したがって，導体に電気を帯びた物体を近づけると，この物体の帯電した電荷に引かれて，導体中の電荷が移動します。すなわち，近づけた物体と反対の電荷がこの物体側に，また，物体の帯電した電荷と同符号の電荷が反対側に現れます。

静電誘導（導体の場合）

導体　電気を帯びた物体を近づけると静電誘導が起こる。

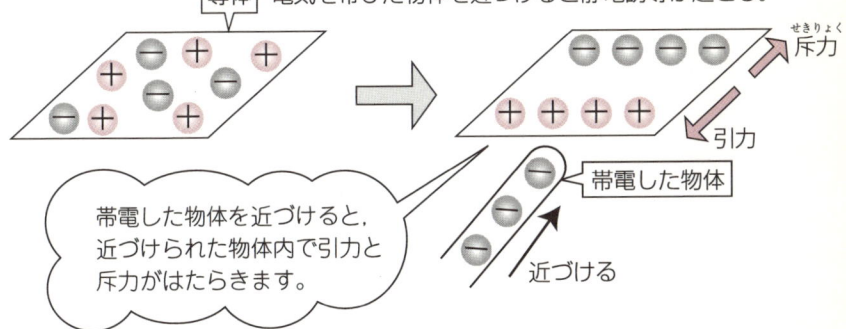

斥力
引力
帯電した物体
近づける

帯電した物体を近づけると，近づけられた物体内で引力と斥力がはたらきます。

　絶縁体の場合は，電子は自由には動きませんが，個々の分子の中で電子の分布に偏りが生じます。これを**分極**といい，その結果，全体的に見ると絶縁体の表面に導体と同じような静電誘導が起こることになります。

147

第5章　電気ってどうしてモーターを回せるの？

絶縁体の分極

近づける

分子中で電子の偏りが発生

全体的に見ると

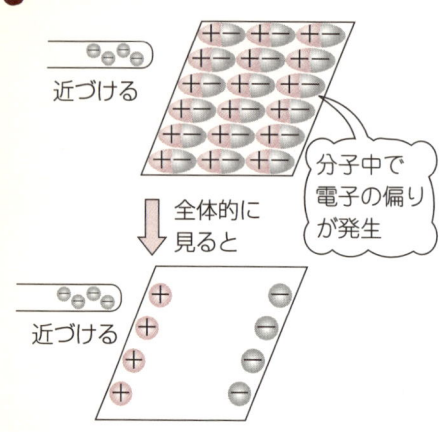

近づける

絶縁体内の電子は自由に動かないが、個々の分子中での電子の分布の偏りにより巨視的に見ると静電誘導が起こっている。

電気を帯びた物体が、紙のような軽いものを引きつける現象はよく知られています。これも静電誘導による現象です。電気を帯びた物体に近い側にはその電荷と反対の電荷が移動するので引力がはたらき、遠い側には同種の電荷が移動するので物体との間に斥力(反発し合う力)を生じます。この引力と斥力を比べると、帯電した物質に近い分だけ引力が強くなります。したがって軽いものはその引力によって引き寄せられるのです。

　この静電誘導による力をうまく利用しているのが、エアクリーナーやコピー機などの電化製品です。エアクリーナーではスクリーンを帯電させ、ほこりやちりを吸いつけて除去します。コピー機の場合は、帯電させたドラム(回転体)に原稿の像をつくり、光をあてます(露光部)。すると、光のあたった部分だけが電気を通すようになり、文字などの黒い部分に相当する位置には電荷が残ります。そこで、トナーと呼ばれる黒い微細な粉末を近づけると、静電誘導による力で黒い部分に吸着されるのです(現像部)。あとは、そのまま熱で粉末を溶かして紙上に固定させれば(定着部)、コピーが完成します。

コピー機のしくみ

静電誘導によって、トナーを紙に吸着させます。

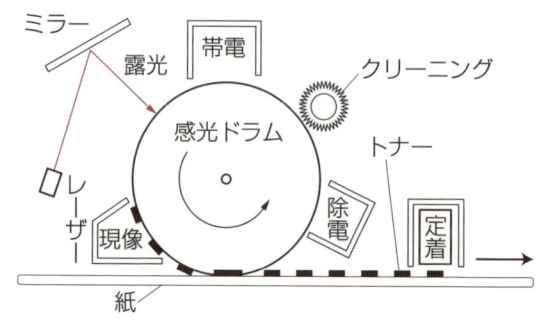

ミラー／露光／帯電／クリーニング／感光ドラム／レーザー／現像／トナー／除電／定着／紙

第1節　静電誘導とクーロンの法則

クーロンの法則

　2つの物体が電荷をもっているときにはたらく力は，どのくらいの大きさになるのでしょうか？　これは実験的に調べるのがもっとも確かな方法です。フランスの**クーロン**がこの実験を行いました。そして，「2つの帯電物体にはたらく電気力の大きさは，電荷の積に比例し，距離の2乗に反比例する。」という**クーロンの法則**を見いだしたのです。言葉で書くと面倒そうですが，式で表すと簡単です。2つの電荷の電気量をQ〔C〕※とq〔C〕，互いの距離をr〔m〕とすると，はたらく静電気力の大きさF〔N〕は，

$$F = k\frac{Qq}{r^2} \qquad (1)$$

となります。どこかに似たような式がありました。そう，万有引力の式（p.44の(29)式）にそっくりですね。ここでのkは比例定数で，真空中では

$$k = 9.0 \times 10^9 \text{〔N·m}^2/\text{C}^2\text{〕} \qquad (2)$$

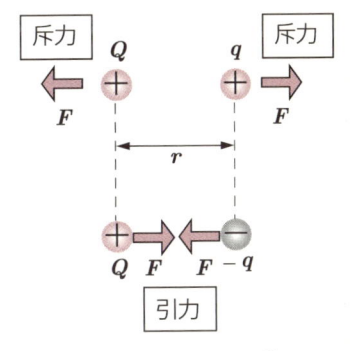

です。実験的に求められた単なる比例定数ですから，とりあえず，ここでは深く考える必要はありません。

クーロン力　$F = k\dfrac{Qq}{r^2}$

同符号の電荷には斥力が，異符号の電荷には引力がはたらく。
力の向きは逆になるが，力の大きさは電荷の大きさが同じなら，同じになる。

※Cは電気量の単位で，1Aの電流が1秒間に運ぶ電気量が1Cとなります。

第5章　電気ってどうしてモーターを回せるの？

　クーロンの法則で表される電荷間の力Fを**クーロン力**といいます。異種の電荷間（プラスとマイナス）では引力となり，同種の電荷間（プラスとプラス，またはマイナスとマイナス）では斥力となります。クーロン力は万有引力（p.47の(36)式参照）と同じく，距離の2乗に反比例します。しかしその大きさは，はるかに大きなものです。例えば，プラスの電荷をもつ陽子[※]と，マイナスの電荷をもつ電子の間にはたらくクーロン力と万有引力を比較してみましょう。なお，比較するにあたり，次の5つの値を与えます。

- 電子の電荷　　$e = 1.6 \times 10^{-19}$〔C〕
- 電子の質量　　$m = 9.1 \times 10^{-31}$〔kg〕
- 陽子の質量　　$M = 1.7 \times 10^{-27}$〔kg〕
- 万有引力定数　$G = 6.7 \times 10^{-11}$〔N·m²/kg²〕
- クーロン力の定数　$k = 9.0 \times 10^{9}$〔N·m²/C²〕

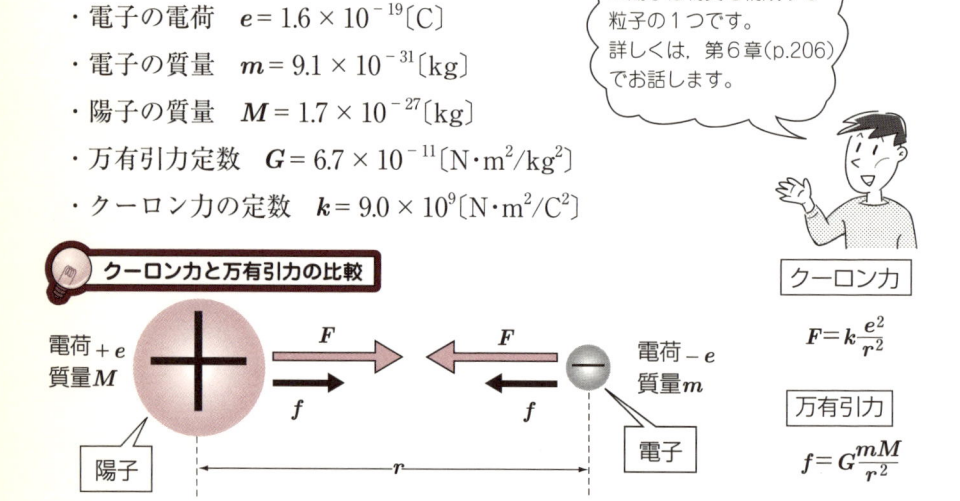

[※]陽子は物質を構成する粒子の1つです。詳しくは，第6章(p.206)でお話します。

クーロン力と万有引力の比較

陽子：電荷 $+e$，質量 M　　電子：電荷 $-e$，質量 m　　距離 r

クーロン力　$F = k\dfrac{e^2}{r^2}$

万有引力　$f = G\dfrac{mM}{r^2}$

これより，万有引力に対するクーロン力の大きさは，次のようになります。

$$\frac{クーロン力}{万有引力} = \frac{k \times e^2/r^2}{G \times mM/r^2}$$

$$= \frac{ke^2}{GmM}$$

$$= \frac{(9.0 \times 10^{9}) \times (1.6 \times 10^{-19})^2}{(6.7 \times 10^{-11}) \times (9.1 \times 10^{-31}) \times (1.7 \times 10^{-27})}$$

$$= 1.4 \times 10^{39} \text{〔倍〕} \tag{3}$$

第1節　静電誘導とクーロンの法則

単純な数値だけの比較でみれば，万有引力を1滴の水の質量とすると，クーロン力は太陽1000個分の質量に値します。圧倒的にクーロン力のほうが大きいですね。よって私たちの身のまわりで，ものがくっついたり離れたりするときに主にはたらいている力はクーロン力であることがわかります（第3節でもお話しますが，磁気に関してもクーロンの法則が成り立つので，ここでは磁力も含めてクーロン力といっています）。なお，地球などの天体のように質量が非常に大きく，電気を帯びていない物質の場合は万有引力が主にはたらく力になります。

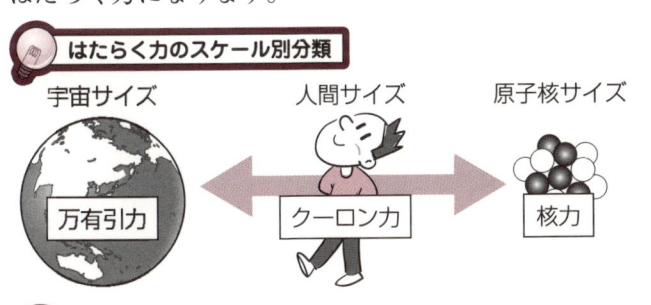

はたらく力のスケール別分類

宇宙サイズ　　人間サイズ　　原子核サイズ

万有引力　←→　クーロン力　←→　核力

※核力は6章で説明をする原子核内の陽子や中性子を結びつけている力です。核力は原子核のサイズぐらいの大変短い距離では大きな力を発揮するのですが，距離が離れると急速に小さくなってしまいます。

接触しなくてもはたらく力 ── 電場

　ボールを投げようとするとき，ボールに力を加える必要があります。このとき，私たちはボールに触れます。触れずにボールを動かすことはできません。作用反作用の法則（→p.42）も，力を加えるものと加えられるものが接触することによって成り立つ法則です。

　このように，力は一般的に，物体が直接接触することによってはたらきます。一方，クーロン力や重力は物体が直接触れていなくても，空間を飛び越えてはたらきます。このように，力には2つのタイプがあります。接触してはたらく力を**近接力**，接触しなくてもはたらく力を**遠隔力**と呼びます。遠隔力をおよぼし合う物体間には，力を伝えるものは存在していません。では，真空の空間を隔ててさえも作用する力は，いったいどのようにして伝わるのでしょうか。

第5章　電気ってどうしてモーターを回せるの？

磁石の上に下じきをおき，その上に砂鉄をまいて下じきを軽くゆすってみてください。砂鉄で模様ができますね。直接磁石に触れていない場所であっても，砂鉄はおかれた磁石の極によって，違ったパターンで整列をします。磁石の周囲に"ある状態"が生じていて，それによって砂鉄が力を受けているのです。つまり磁石をおくことによって周囲の空間自体が，力をおよぼすような性質をもったことになります。このようなある種の性質をもつ空間を**場**と呼びます。電荷の場合も同様で，正負の電荷のまわりには，その電荷量に応じた**電場**がつくられます。その電場に別の電荷をおくと「力が作用する」のです。

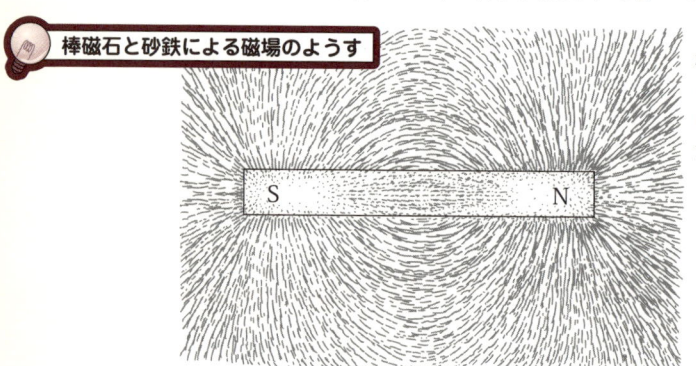

棒磁石と砂鉄による磁場のようす

棒磁石に砂鉄をまくと，目に見えない磁場を見ることができます。

電場の変化を伝える波 —— 電波

では，2つの電荷があり（わかりやすいように異符号としましょう），クーロン力で引き合っている場合を考えてください。続いて，片一方の電荷が動いたとすると，クーロン力はどうなるでしょうか？　瞬間的に作用する力が変わるのでしょうか？

現代物理学では，そのようには考えません。電荷が動くと，それに伴ってまわりの電場が変化をします。この電場の変化は波として周囲に伝わっていき，それによって新しくできた電場との相互作用で，もう一方の電荷にはたらくクーロン力が変化するのです。つまり，電場の変化がある点から別の点へ伝わるには，波の速さに応じた時間がかかるのです。このような電場の変

第1節　静電誘導とクーロンの法則

化を伝える波を電波といい，光の速度と同じ速さで進みます。したがってクーロン力は，光の速度の分だけ遅れて作用することになります。例えば，私たちがテレビを見るときや携帯電話をかけるときは，次のようなメカニズムになっています。

テレビや携帯電話の電波

　テレビや携帯電話の電波は，送信所や中継所から電場の振動として，空間を秒速30万kmの速度（＝光の速度）で伝わってきます。それを私たちは受信用のアンテナで受けます。アンテナの周囲の振動する電場が，アンテナの金属内に存在する自由に運動できる電子（自由電子といいます）に力をおよぼし，電子を振動させます。電子の動きが生み出すわずかな電流をチューナーや携帯電話内の電子回路がキャッチして，画像や音声として再生しているのです。

　残念ながら，電場は目で見ることができません。では，どのようにすれば電場の様子を知ることができるでしょうか。

　ある電荷がつくる電場の中に，"テスト電荷"をおいてみましょう。磁場を見るときに使った砂鉄の役です。テスト電荷は力を受けて動こうとするはずです。この力こそ見えない電場によるものです。テスト電荷の位置を変えると，電場に応じて受ける力の方向と大きさが変わります。つまり，その場その場でテスト電荷が受ける力を電場と考えることで，目に見えない電場を記述したり考えたりすることができるのです。

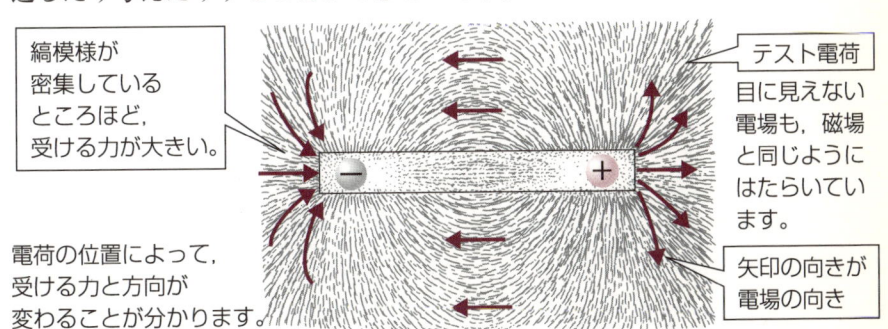

縞模様が密集しているところほど，受ける力が大きい。

テスト電荷
目に見えない電場も，磁場と同じようにはたらいています。

矢印の向きが電場の向き

電荷の位置によって，受ける力と方向が変わることが分かります。

このことを，数式で定義しておきましょう。電気量Q〔C〕の電荷がつくる電場で，電場の中においたq〔C〕の電荷が受けるクーロン力F〔N〕は，p.149の(1)式より，

$$F = k\frac{Qq}{r^2} \qquad (4)$$

ですから，電場の中においた1Cの正電荷が受けるクーロン力をE〔N〕とすると，(4)式で$q=1$とおいて，

$$E = k\frac{Q}{r^2} \qquad (5)$$

となります。これは電場の強さを表し，単位は〔N/C〕（ニュートン毎クーロン）となります。また，(4)(5)式より，強さE〔N/C〕の電場におかれたq〔C〕の電荷には，

$$F = qE \qquad (6)$$

というクーロン力がはたらきます。

電気力線

　電場の中に正電荷をもつテスト電荷を用意し，クーロン力によるテスト電荷の動きを調べると，一群の曲線になります。これらの曲線を**電気力線**（でんきりきせん）と呼びます（次ページの図参照）。

　電気力線は正電荷から負電荷に向かい，電気力線の"ある点"における接線の向きが，その点での電場の方向に一致します。電気力線が密なところは電場が強く，疎（まばら）なところは電場が弱くなります。したがって，電気力線を図示することができれば，電場の様子（**電場の方向**と**強さ**）を知ることができるのです。

　また，電気力線は電荷があるところと，電場がゼロのところを除いて，決して交わりませんし，枝分かれもしません。電気力線は，正電荷で発生し負電荷で消滅するまで，途中で切れたり，新しく発生したりしないのです。

第1節 静電誘導とクーロンの法則

プラスの電荷のみの電気力線

電場の方向

斥力

正電荷をもつテスト電荷

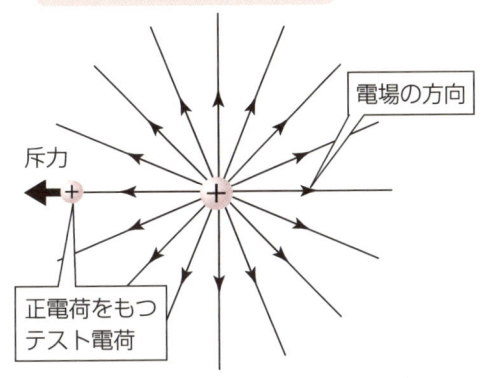

マイナスの電荷のみの電気力線

引力

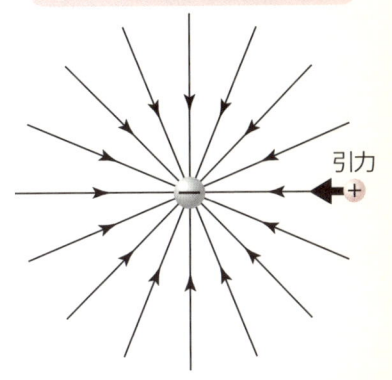

プラスとマイナスの電荷が隣り合っている場合の電気力線

電場の向きA
接線A
テスト電荷A
斥力
E
引力
電気力線A

引力

斥力
テスト電荷B　接線B　電場の向きB
電気力線B

プラスの電荷どうしが隣り合っている場合の電気力線

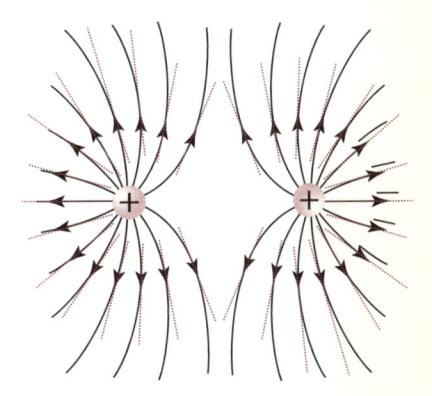

赤の点線が，各電気力線の矢印の頭がある部分における，電気力線の接線。接線の向きが，電場の方向を示していることが分かる。

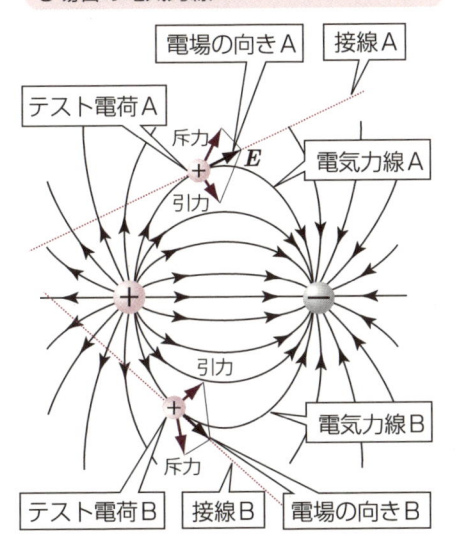

・電気力線Aの，テスト電荷Aがある点における接線Aの向きが電場の向きAとなる。また，Bも同様である。

・プラスの電荷による斥力とマイナスの電荷による引力の合力が電場の強さEとなる。

電気力線の様子

第5章　電気ってどうしてモーターを回せるの？

静電遮蔽

　導体を電場の中においてみましょう（下図参照）。導体内の電子は，自由に動くことができるので，クーロン力により移動します。そして移動した電荷が新たな電場をつくりますが，導体内にできる電場の方向は，外部の電場の方向と逆向きになり，もとの電場を打ち消すはたらきをします。これは導体内の電場がゼロになるまで続きます。電場がゼロにならない限り自由電子はクーロン力を受け続けて，打ち消す方向に移動するからです。したがって電場の中の導体の電荷はすべてその表面に存在し，導体内部には電場も電気力線も存在しません。導体の内部が空洞の場合も同様です。導体の表面で外部の電場はさえぎられてしまい，内部に影響をおよぼしません。これを**静電遮**

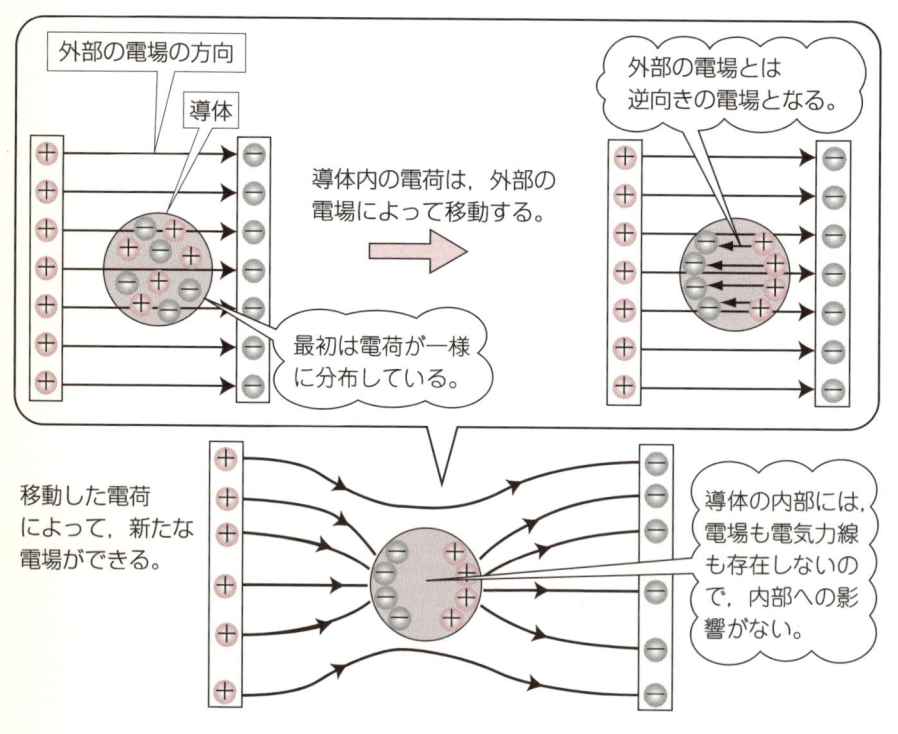

外部の電場の方向
導体
最初は電荷が一様に分布している。
導体内の電荷は，外部の電場によって移動する。
外部の電場とは逆向きの電場となる。
移動した電荷によって，新たな電場ができる。
導体の内部には，電場も電気力線も存在しないので，内部への影響がない。

第1節　静電誘導とクーロンの法則

蔽(へい)といいます。例えば，自動車に雷が落ちても車内の人が安全なのは，金属製のボディが外の電場を遮断するからです。

避雷針のしくみ

導体表面の電気力線は導体の表面に垂直です。表面に平行な成分はありません。導体内の電荷は，表面に移動したあと，導体の外部へ垂直に移動することはできませんが，表面に沿って平行方向に移動することはできます。したがって，もし電気力線の平行成分があれば，クーロン力により導体内の電荷が移動してしまい，前ページの図のように，電場(平行成分)を打ち消してしまいます。すると，導体表面に尖(とが)った部分がある場合は，そこに電気力線が集中することになります。その結果尖った部分の表面での電場がもっとも強くなるので，放電が起こりやすくなります。避雷針(ひらいしん)はこの原理を応用しています。雷は尖った避雷針に引き寄せられるので，避雷針と地面を太い導電体で結んでおくと，大きな電流が建物に流れるのを防ぐことができます。また，乾燥した冬に「バシッ」と感じる静電気も，尖った指先から放電することが多いのです。ですから金属製の尖ったもの(鍵など)をもってドアなどに触れれば，そこから電荷が流れるので，痛みなどの不快感を抑えることができます(右図参照)。

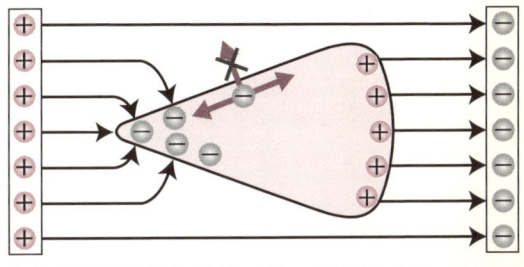

電気力線は導体の表面に対して垂直なので，角度が鋭い場所があると(左側)，電気力線が集中することになる。その結果，表面での電場が強くなり，放電が起こりやすくなる。

電位

第3章で位置エネルギーを取り上げました。質量m〔kg〕のおもりを高さh〔m〕まで持ち上げるには，おもりにはたらく重力mgに逆らって，mgh〔J〕の

第5章　電気ってどうしてモーターを回せるの？

仕事をします。この仕事が位置エネルギーとしてたくわえられることになります。同様に，電場の中でクーロン力 qE に逆らって電荷を動かすためには，仕事をすることになります。そして，その仕事はエネルギーとしてたくわえられるはずです。位置エネルギーにおける"高さ"に相当するものが，電場においては<u>電位</u>です。

　電場中の２点間で，１Ｃの正電荷を移動させる際にしなければならない仕事を，その２点間の<u>電圧</u>，または<u>電位差</u>と呼び，V〔単位はV（ボルト）〕で表します。よって，電気量 q〔C〕の電荷を電位差 V〔V〕の２点間を移動させるときの仕事 W〔J〕は，次の(7)式となります。

$$W = qV \tag{7}$$

　わかりやすいように，次ページの図のような一様な強さ E〔N/C〕の電場での電位差を考えましょう。すると，この中におかれた電荷 q〔C〕は，$F=qE$ のクーロン力を受けることになります。この力に逆らって距離 d〔m〕だけ移動させたときの仕事は，次の(8)式となります。

$$W = Fd = qEd \tag{8}$$

　この(8)式を重力の場合の仕事（位置エネルギー）の式（p.71の(8)式），

$$W = mgh \qquad \text{第３章(8)}$$

と比較すると，対応関係がわかりやすくなるでしょう。また，(7)式と(8)式は同じ仕事を表しているので，

$$qV = qEd$$

すなわち，次の(9)式となります。

$$V = Ed \tag{9}$$

この(9)式をさらに変形すると，

$$E = \frac{V}{d} \tag{10}$$

なので，電位の変化$\frac{V}{d}$が大きくなると電場が強くなります。このとき，電場と電気力線，電位と距離の関係は下図のようになります。電気力線は電場の方向を表していますから，電気力線に沿って移動すると，電位は下がっていきます。

電場と電気力線，電位と距離の関係

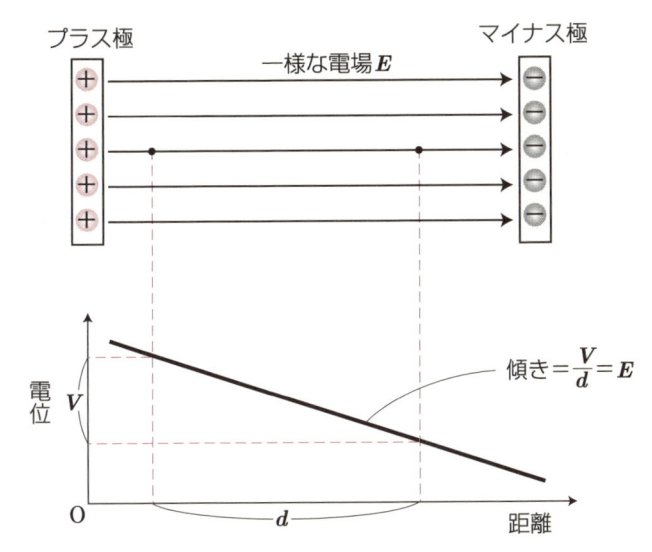

ここで，電場の強さの単位を確認しておきましょう。(8)式より，

$$E = \frac{W}{qd} \,[\text{J/Cm}] = \frac{F}{q} \,[\text{N/C}]$$

と表すことができます。
また，(10)式を使うと，

$$E = \frac{V}{d} \,[\text{V/m}]$$

第5章　電気ってどうしてモーターを回せるの？

なので，次の(11)式の関係があることがわかります。

$$1 [\text{V/m}] = 1 [\text{J/Cm}] = 1 [\text{N/C}] \tag{11}$$

等電位面

　電場内の電位の等しい点を結んでできる面を**等電位面**(とうでんいめん)といいます。等電位面は電気力線に垂直な点を結ぶことによって得られます。それは，電気力線が＋1Cのテスト電荷の受ける力の向きを表しているので，電荷を電気力線に垂直な方向に動かしても，受ける力の向きと移動方向が垂直となり，仕事をしていないからです。仕事をしていなければ(7)式より，この方向の2点間の電位差Vが0となり，電位が変わらず等しい（等電位）ことになります。

　このように，電気力線を描くことができれば，これに垂直な面として等電位面を描くことができます。

電位と電気力線，等電位面の関係

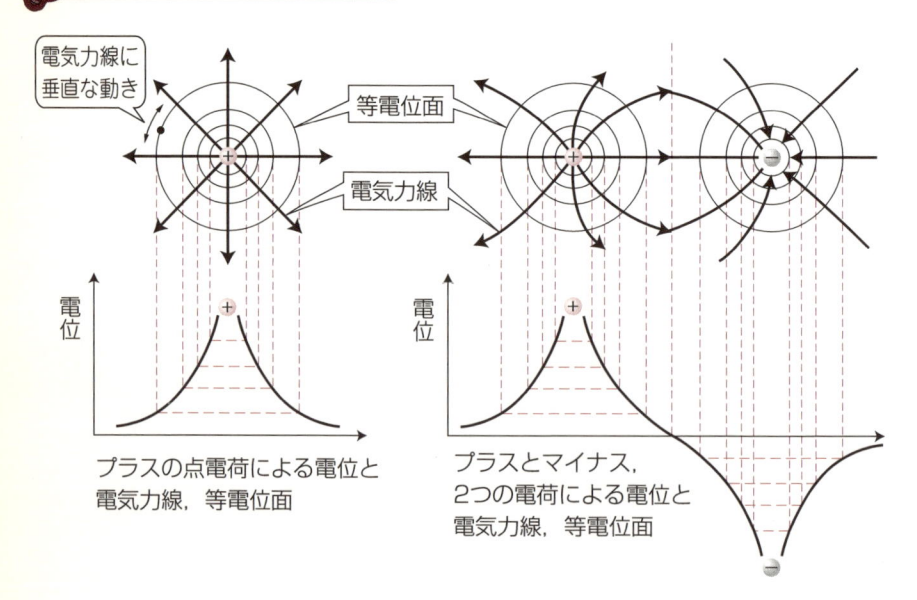

プラスの点電荷による電位と電気力線，等電位面

プラスとマイナス，2つの電荷による電位と電気力線，等電位面

2 電気回路
流れは絶えずして、しかももとの電子にあらず

電流と電源

電流とは電荷の流れのことで、水の流れをイメージするとわかりやすいでしょうか。水が水位の高いほうから低いほうへ流れるのと同じように、電流は電位の高いほうから電位の低いほうへ流れます。これはプラスの電気を帯びた正電荷の動きに一致します。歴史的な経緯によりマイナスの電荷をもつ電子の流れは、電流の流れと反対になることは、「ようこそ物理室へ」でもふれました。電流（記号はI）の単位はA（アンペア）で、1秒間に1Cの電荷が流れると、1Aです。よって、Q〔C〕の電荷がt秒間流れたとすると、その間の電流I〔A〕は、

$$I = \frac{Q}{t} \tag{12}$$

となります。

水は水位の高いほうから低いほうへ流れる。

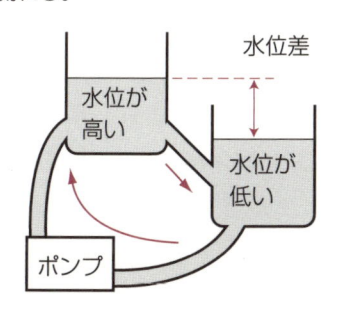

電流は電位の高いほうから低いほうへ流れる。

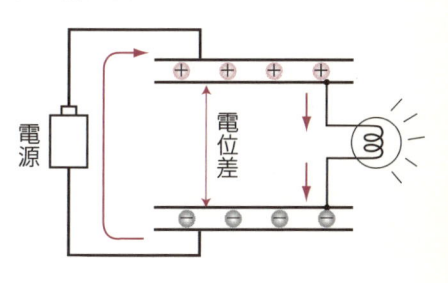

第5章　電気ってどうしてモーターを回せるの？

　水の流れの比喩に戻りましょう。水位の高いところの水がなくなると，水の流れはなくなってしまいます。水を流し続けるためには，水位の低いところに流れてきた水をポンプか何かで高いところへくみ上げる必要があります。電流も同じで，静電気のように溜まっていた電荷が全部流れてしまえば，そこで電流はストップしてしまいます。電流を流し続けるためには，水路のポンプに相当するものが必要なのです。これが電源です。電源は，電位が下がって流れなくなった電荷に電気的な位置エネルギーを与え続けます。このように一定の電位差を保ち続けるはたらきを起電力と呼びます。単1，単2型などの乾電池は，起電力が1.5Vの電源です。導線などでつくった電流が流れる通路を回路と呼びますが，導線を切れ目がないようにつないだだけでは電流は流れません。この回路に電源をつなぐことによって，はじめて電流を安定的に流すことができ，それによって電球を点灯させたり，モーターを回し続けたりすることができるのです。

オームの法則

　実際に電池と豆電球を導線でつなぎ，回路をつくって電流を流してみましょう。電圧を上げると電球が徐々に明るくなります。これは流れる電流が電圧に比例して多くなったからです。電圧をV〔V〕，電流をI〔A〕として，この関係を式に表すと，

$$V = IR \tag{13}$$

となります。ここで，電圧Vが一定とすれば，比例定数Rが小さいと電流Iが大きくなり，Rが大きいと電流Iが小さくなります。つまり，Rは電流の流れにくさ，すなわち電気的な抵抗を表しています。そこでRを電気抵抗と呼び，1〔V〕の電圧を加えたときに，1〔A〕の電流が流れるような導体の電気抵抗を1〔Ω〕と定義します。(13)式は19世紀にドイツのゲオルグ・オームによって導かれました。電気抵抗の単位は，このオームの名によるもので

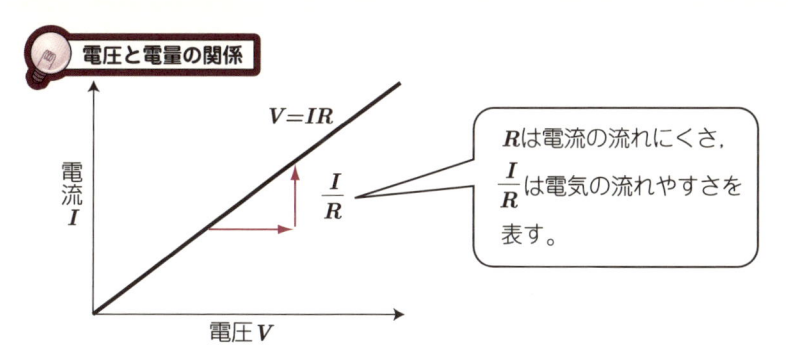

第2節　流れは絶えずして，しかももとの電子にあらず

電圧と電量の関係

グラフ：$V=IR$、横軸 電圧V、縦軸 電流I、傾き $\dfrac{I}{R}$

Rは電流の流れにくさ，$\dfrac{I}{R}$は電気の流れやすさを表す。

す。ちなみに，電気抵抗は電流の流れにくさですが，逆に電流の流れやすさを表すのが**導電率**（**コンダクタンス**）で，単位は〔Mho〕を使います。これは〔Ohm〕を逆につづったもので，物理学者の中には，ずいぶんシャレが好きな人がいたようです。しかし，現在では導電率を表す単位として，〔S〕を使うことが推奨されています。この単位に使われたジーメンスは19世紀のドイツの電気技術者で，"電気工業の開祖"といわれる，**エルンスト・ジーメンス**にちなんでいます。

　同じ"導体"であっても電流の流れやすさは，材質によって違います。金属では自由電子の流れが電流となりますから，自由電子の数や動きやすさで抵抗値が変わってきます。また同じ材質の導体でも，長さや太さで抵抗値が変わってきます。

　再び水の流れで考えてみましょう。水路に狭いところがあると流量が制限されて，流れが悪くなります。そしてそんな場所が長く続くほど流れがとどこおります（次ページの図参照）。電流でも同じなのです。導体の断面積が小さいと抵抗は大きくなり，長さが長くなっても抵抗は大きくなります。よって，導体の断面積をS〔m^2〕，長さをl〔m〕とすると，電気抵抗R〔Ω〕は，

$$R = \rho \times \frac{l}{S} \tag{14}$$

となります。ここで比例定数のρは**抵抗率**と呼ばれ，導体の断面積1m^2，長さ1mあたりの抵抗値で，単位は〔Ω m〕です。

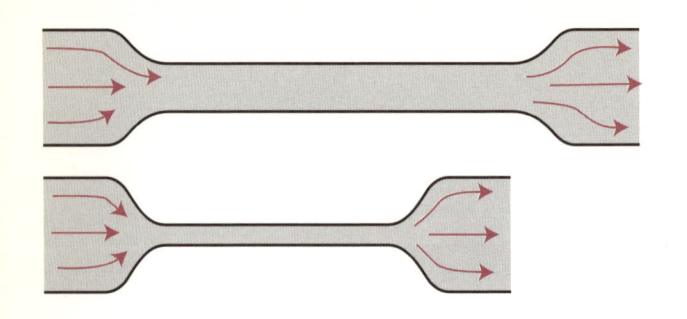

第5章　電気ってどうしてモーターを回せるの？

狭い部分の長さが長いほど，また，断面積が小さいほど，流れがとどこおる

キルヒホッフの法則

ドイツの**キルヒホッフ**は，回路において「電荷の流れである電流は，途中で消滅したり，新たに生成することはない」とする**電流保存**を提唱し，**キルヒホッフの法則**を考えました。

> 第1法則：回路の分岐点や合流点に流れ込む電流と流れ出る電流は等しい。
> 第2法則：回路を1周してもとの点に戻ると，電位は元の値に戻る。

第1法則は，電流 I_1 が回路の分岐点において，I_2 と I_3 に分かれたとすると，

$$I_1 = I_2 + I_3 \tag{15}$$

が成り立つことを表しています。これはあとで，抵抗を並列に接続することを考えるときに使います。第2法則は，2個以上の抵抗を直列につなぐことを考える場合に便利です。例えば，次ページの図のような回路を考えた場合，回路に分岐点はないので，回路中どこでも電流は同じ I となります。そこで，O点をゼロとして，矢印の向きに回路を1周します。まず電源で電位が $+V$ まで上が

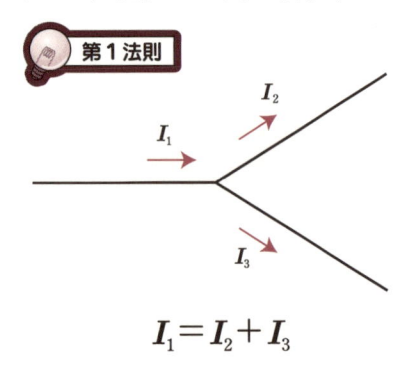

第1法則

$$I_1 = I_2 + I_3$$

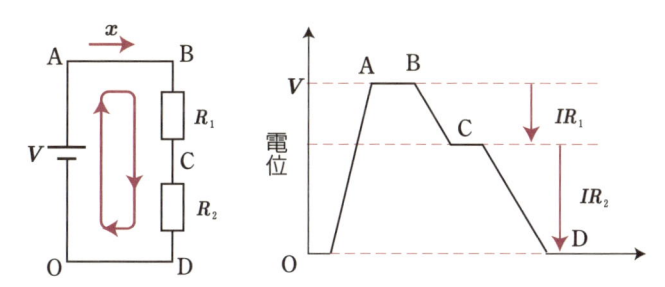

第2節 流れは絶えずして，しかももとの電子にあらず

|注| 現在の電気用図記号における電気抵抗は，従来の ─w─ に代わり，─▭─ が使用されています。

り（A点），抵抗R_1を通ると，(13)式よりIR_1分だけ電位が下がり（C点），さらに抵抗R_2でIR_2分だけ電位が下がってO点に戻ります。するとキルヒホッフの第2法則より，電位は元の値に戻っているので，

$$V - IR_1 - IR_2 = 0 \tag{16}$$

となります。これを変形すると，

$$\begin{aligned} V &= IR_1 + IR_2 \\ &= I(R_1 + R_2) \end{aligned}$$

となりますから，(13)式 $V = IR$ と見比べると，直列の場合，2個の抵抗R_1とR_2は，

$$R = R_1 + R_2 \tag{17}$$

という1個の抵抗(**合成抵抗**といいます)と見なすことができます。

次に，並列の場合はどうでしょうか。この場合は，抵抗の両端にかかる電圧Vが一定となります。

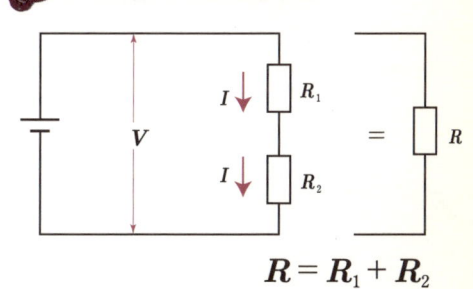

抵抗を直列につないだ場合

$$R = R_1 + R_2$$

第5章　電気ってどうしてモーターを回せるの？

R_1, R_2 を流れる電流を各々 I_1, I_2 とすると,

$$I_1 = \frac{V}{R_1} \quad I_2 = \frac{V}{R_2} \quad (18)$$

が成り立ちます。キルヒホッフの第1法則より,

$$I = I_1 + I_2 \quad (19)$$

であるので, (19)式に(18)式を代入して,

$$I = \frac{V}{R_1} + \frac{V}{R_2}$$
$$= V\left(\frac{1}{R_1} + \frac{1}{R_2}\right)$$

抵抗を並列につないだ場合

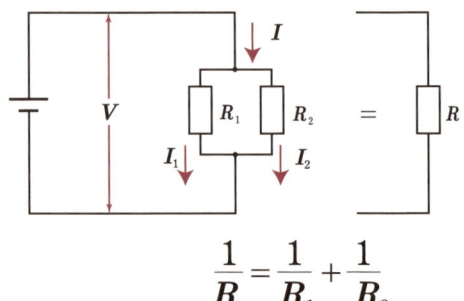

$$\frac{1}{R} = \frac{1}{R_1} + \frac{1}{R_2}$$

合成抵抗を R とすると,

$$V = IR \, (すなわち \, I = \frac{V}{R})$$

だから, 並列の場合の合成抵抗は

$$\frac{1}{R} = \frac{1}{R_1} + \frac{1}{R_2} \quad (20)$$

となります。物理では, 何が一定なのか, つまり, その現象の中で変わらない量(**不変量**)は何なのかを見抜くことができると見通しがよくなり, 式もたてやすくなります。

コンデンサーの原理

コンデンサーは2枚の金属板(極板)を平行に並べたもので, 電荷を一時的に蓄えます。これはつまり, 電荷のもつ電気的エネルギーを蓄えることでも

第2節　流れは絶えずして，しかももとの電子にあらず

あります。右の回路図のように，コンデンサーの各々の極板を電池の両極につなぐと，電池の＋側の極板には正の電荷が，電池の－側の極板には負の電荷が移動してきます。極板に溜まった正負の電荷は，クーロン力によって互いに引き合うため，電池をはずしてもそのまま逃げだすことはありません。このようにコンデンサーに電気を蓄えることを**充電**といいます。充電によって蓄えられたエネルギーは，コンデンサーを外部の回路につないだときに電気的な仕事をし，仕事をすると同時に電荷は失われます。こうして電荷が放出されることを**放電**といいます。

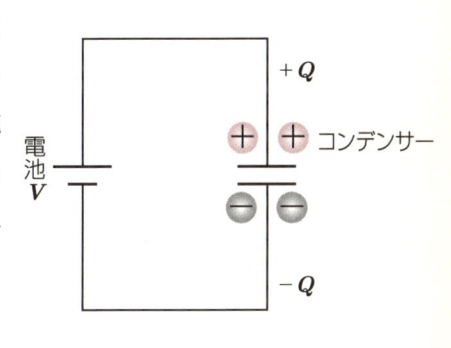

コンデンサーに蓄えられる電荷Q〔C〕は電圧V〔V〕に比例し，

$$Q = CV \qquad (21)$$

と表されます(右図参照)。

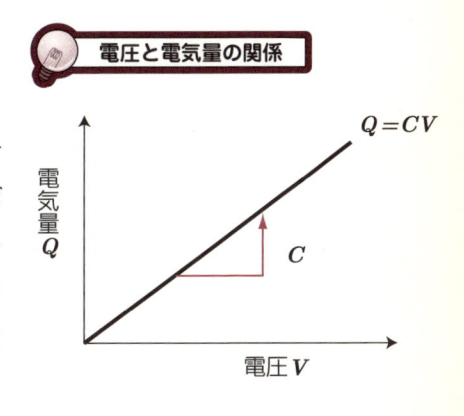

ここで，比例定数のCをコンデンサーの**電気容量**〔単位はF〕といい，1ボルトの電圧で充電したときに，1クーロンの電気量を蓄えることができるコンデンサーの電気容量を1Fと定めます。

電気容量は，同じ電圧をかけた際の電気を蓄える能力と考えることもできます。よって，極板の面積を大きくして電気容量を増やすことができます。また，極板間隔を狭くしても電気容量を増やすことができます。つまり，極板面積をS〔m²〕，極板間隔をd〔m〕とすると，電気容量C〔F〕は

第5章　電気ってどうしてモーターを回せるの？

$$C = \varepsilon \times \frac{S}{d} \tag{22}$$

という式で表すことができます。

　ここで，比例定数のεは**誘電率**と呼ばれます。(22)式からわかるように，極板間に誘電率の大きな物質を入れると，電気容量が増えることになります。

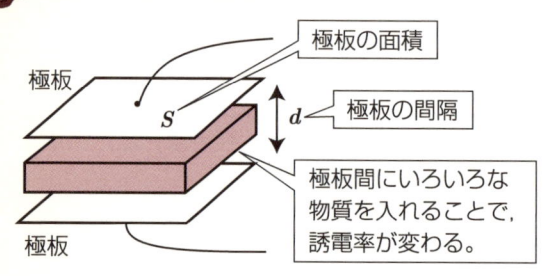

> **コンデンサーの電気容量**
>
> 極板の面積 S
> 極板の間隔 d
> 極板間にいろいろな物質を入れることで，誘電率が変わる。
>
> $$C = \varepsilon \times \frac{S}{d}$$
>
> εの値は極板間に入れる物質によって，変えることができる。

　抵抗のときと同じように，不変量を意識しながら，2個以上のコンデンサーを直列につないだり，並列につないでみましょう。まずは電気容量C_1，C_2のコンデンサーを並列につないだ場合です。コンデンサーの両端の電圧は一定で，Vとすると，それぞれのコンデンサーに蓄えられる電荷Q_1，Q_2は，(21)式より，次のようになります。

$$Q_1 = C_1 V \quad Q_2 = C_2 V$$

したがって，全体として溜まった電荷をQとすると，

$$\begin{aligned} Q &= Q_1 + Q_2 \\ &= C_1 V + C_2 V \\ &= (C_1 + C_2) V \end{aligned} \tag{23}$$

よって並列の場合の合成容量Cは，

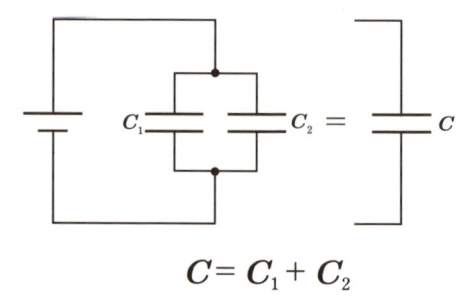

> **コンデンサーを並列につないだ場合**
>
> $$C = C_1 + C_2$$

(21)式と見比べて,

$$C = C_1 + C_2 \tag{24}$$

となります。

これは単にコンデンサーの面積が増えたと考えることもできます。

次に,直列の場合を考えてみましょう。まず各々のコンデンサーに対して,

$$Q_1 = C_1 V_1$$
$$Q_2 = C_2 V_2$$

が成り立ちます。

次に,キルヒホッフの第2法則より,

$$V = V_1 + V_2 = \frac{Q_1}{C_1} + \frac{Q_2}{C_2} \tag{25}$$

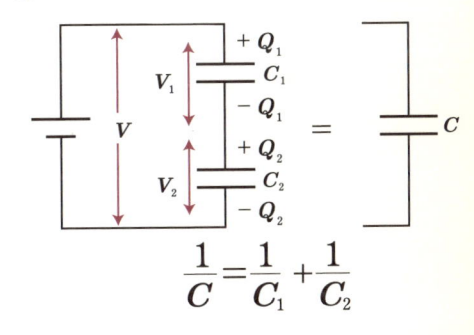

> **コンデンサーを直列につないだ場合**
>
> $$\frac{1}{C} = \frac{1}{C_1} + \frac{1}{C_2}$$

ですが,このときの不変量は何でしょうか。

それは2つのコンデンサーではさまれた部分の電荷です。この導線は回路的にはどこにもつながっておらず,電荷が出入りすることはできません。よってC_1側で溜まっている$-Q_1$とC_2側でたまっている$+Q_2$は,等量のものが+と-に分かれたことになります。したがって,

$$Q = Q_1 = Q_2 \tag{26}$$

これを,(25)式に代入すると,

$$V = Q\left(\frac{1}{C_1} + \frac{1}{C_2}\right)$$

となります。

第5章 電気ってどうしてモーターを回せるの？

これを(21)式を変形した $V=\dfrac{Q}{C}$ と見比べると，

$$\frac{1}{C}=\frac{1}{C_1}+\frac{1}{C_2} \tag{27}$$

と書き直すことができます。これが直列の場合の合成容量です。

ジュールの法則

私たちは電気ストーブやホットプレートによって，電気を熱に変えて利用しています。そこでまず，電気の仕事について考えてみましょう。(7)式で考えたように，電位差 V〔V〕で電荷 Q〔C〕が移動すると，$W=QV$〔J〕の仕事をしたことになります。電流 I は単位時間あたりに移動した電荷量，

$$I=\frac{Q}{t} \tag{12}$$

なので，これを $W=QV$ に代入すると，

$$W=VIt \text{〔J〕} \tag{28}$$

となります。

(28)式の両辺を時間 t で割ると，単位時間あたりの仕事(**仕事率**) P は

$$P=\frac{W}{t}=VI \tag{29}$$

となります。

この P を**電力**と呼び，単位は〔W〕です。日常生活の中でも「100Wの電球」とか「400Wのヒーター」として，おなじみの単位です。なじみが多い分だけ，電力はいろいろな使われ方をしていることになります。使われ方によって一見違った単位をつけることがありますが，(29)式より

$$\text{〔W〕}=\text{〔J/s〕}=\text{〔V·A〕}$$

という単位の関係があります。また，

$$V = IR \tag{13}$$

なので，これを(28)式に代入すると，

$$W = RI^2 t \tag{30}$$

です。

　これは抵抗 R に電流 I が t 秒間流れたときになされる仕事で，この仕事が**熱**になるのです。抵抗は電流の流れにくさでしたが，自由電子が導体中を移動する際に，導体中のプラスの電荷を帯びた粒子への衝突頻度が多くなると，抵抗が大きくなります。電子の衝突はプラスの電荷を帯びた粒子の熱による振動(**熱振動**)を激しくするので，これにより外部に熱を発することになります。抵抗値に比例して熱が発生することをイギリスの物理学者**ジュール**が初めて見いだしたので，(30)式を**ジュールの法則**，この法則にしたがって発生する熱量 W を**ジュール熱**といいます。ジュール熱は(29)式から

$$W = Pt \tag{31}$$

と書くこともできます。

　W は熱，P は電力ですから，これはまさに電気エネルギーが熱エネルギーにも変換可能であることを表しており，W の単位として kWh（キロワット時）がよく使われます。

3 ローレンツ力と電磁誘導
電流が力を呼び，力が電流をつくる

　モーターは冷蔵庫や扇風機，ビデオやパソコンの周辺装置などあらゆる電化製品の中に組み込まれています。では，電流を流すとどうしてモーターが回るのでしょうか。

　実は，電気の力だけではモーターは回りません。まず磁場があり，磁場の中の導線に電流を流すことによって力が発生してモーターが回るのです。そのしくみについて，考えていきましょう。

磁荷と磁気力

　電気と磁気は同じような性質のものとしてよく語られます。電気には正と負の電荷があるように，磁石には北を向くN極と，南を向くS極があり，**磁荷**と呼ばれます。磁石が鉄を引きつけたり，方位磁石の磁針を南北の方向に向ける力は**磁気力**と呼ばれ，同種の磁極の間には斥力が，異種の磁極の間には引力がはたらきます。

　磁荷をもった2つの物体間にはたらく力についても，電気の場合と同じようなクーロンの法則（→p.149）が成り立ち，**磁荷の積に比例し，距離の2乗に反比例する**ものとして表すことができます。つまり，2つの磁極の大きさを Q_m と q_m（単位は〔Wb〕ウェーバ），互いの距離を r〔m〕とすると，はたらく磁気力の大きさ F〔N〕は

$$F = k \times \frac{Q_m q_m}{r^2} \quad (32)$$

と表すことができます。

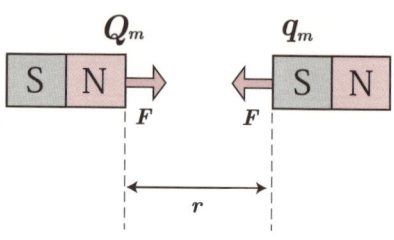

第3節　電流が力を呼び，力が電流をつくる

ここでkは比例定数で，真空中では

$$k = 6.3 \times 10^4 \text{[N·m}^2\text{/Wb}^2\text{]}$$

です。この比例定数kは，p.149に出た比例定数と同様に，実験的に求められた値です。ここでも深く考える必要はありません。

　磁石の両端には大きさの等しい磁荷が現れます。これは静電誘導によって両端に正負の電荷が生じた金属棒に似ています。しかし，物体を電気的に正または負だけに帯電させることはできますが，N極またはS極だけの磁石をつくることはできません。棒磁石は2つに切ることを繰り返しても，両端には必ずN極とS極が現れて，ひとつの磁石がN極だけまたはS極だけになるということはないのです。

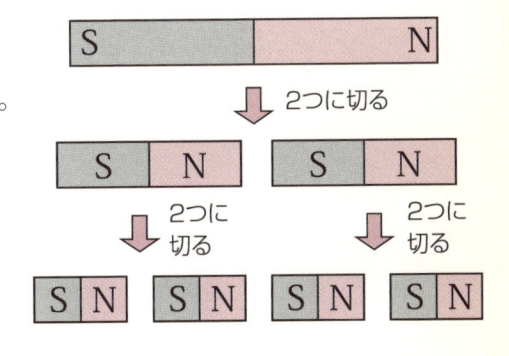

磁場

　電荷のまわりに電場ができるのと同様に，磁荷のまわりには磁気力のおよぶ空間ができます。これを**磁場**といいます。この磁場の様子は，電場の電気力線と同じように，磁力線で表すことができます。磁力線は磁石のN極からS極に向かい，ある点での磁力線の接線の向きが，その点での磁場の向きに一致します（次ページの図参照）。磁力線の様子は，磁石の上に下じきをおき，その上にまいた砂鉄の模様でわかります。磁力線が密なところは磁場が強く，疎なところは磁場が弱くなるのは，電気力線と同様です。つまり磁場の強さは単位面積あたりの磁力線の本数で表すことができます。

　しかし，物質の種類によって磁場の通しやすさ（**透磁率**といいます）は異なりますから，例えばある磁極の近くに鉄をおいた場合を考えると，空気中と

第5章 電気ってどうしてモーターを回せるの？

鉄の中では磁場の強さが異なります。磁場の強さは磁力線の本数で表されますから，同じ磁荷であっても，磁力線の本数が物質によって増減してしまうことになります。このように物質の境界で磁力線が消えたり現れたりするのはいかにも不都合なので，物質によって磁力線の本数が変わらないように，透磁率も考慮した磁場を**磁束**（記号はΦ）を使って表すことにします。こうすることによって物質によらず磁束の本数が一定になるだけでなく，磁束は磁極で発生したり消滅したりすることなく磁石の中でつながっており，始点も終点もない閉じた曲線と考えることができます。単位面積あたりの磁束の本数を**磁束密度**（記号Bで表します）と呼び，磁束がつらぬく面積をSとすると，

$$\Phi = BS \tag{33}$$

の関係があります。一般的に，磁束密度の大小で磁場の強弱を表します。

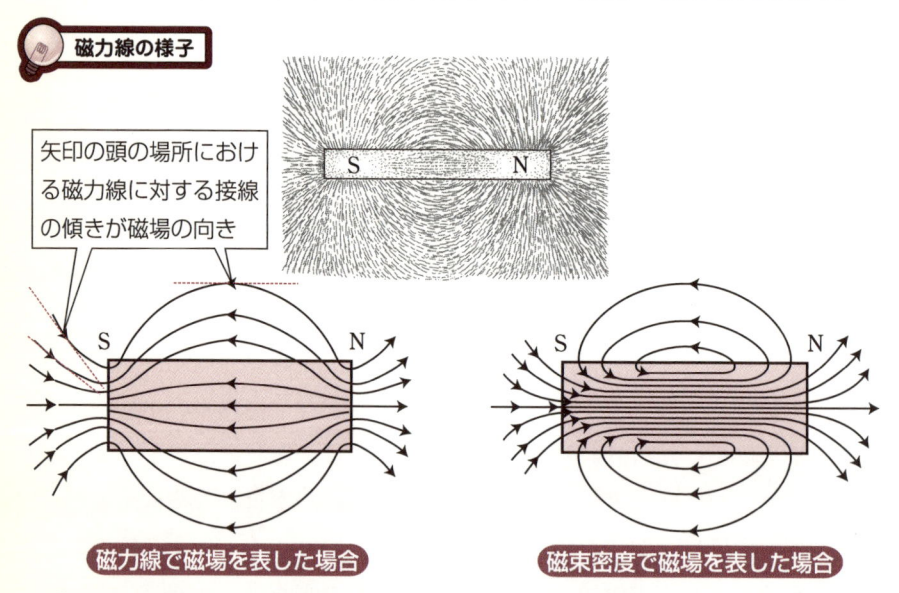

💡 磁力線の様子

矢印の頭の場所における磁力線に対する接線の傾きが磁場の向き

磁力線で磁場を表した場合 / **磁束密度で磁場を表した場合**

磁石の中と空気中とでは透磁率が異なるので，磁力線は物質の境界で切れてしまう。透磁率も考慮した磁束密度は，発生消滅することなく磁石の中でつながっており，始点も終点もない閉じた曲線になる。

第3節　電流が力を呼び，力が電流をつくる

Column　地磁気

　方位磁石が南北方向を向くのは，地球がひとつの磁石の性質をもっており，周囲に磁場をつくっているからです。この磁場はあたかも地球の中に自転軸の方向に棒磁石がはめ込まれているかのような磁場として説明できます。しかし，この棒磁石に相当する地磁気の極は，地球の自転軸に対して11.5度傾いています。方位磁石は地磁気の極を向くので，地理上の南北を正しく指し示しません。日本付近で方位磁石は，5度～10度ほど真北から西を指します。この振れ角のことを**偏角**とよびます。

　また，方位磁石は3次元的な磁場の方向を向くため，北を指す針は日本の場合では，40度～60度下を向きます。この角度は**伏角**とよばれ，赤道では0度ですが，両極に近づくほど大きくなります。日本で使う方位磁石は，南側の針におもりをつけて水平になるように工夫されています。

　磁極の位置は年代によって少しずつ動いていますし，数万年～数十万年でN極とS極が反転したりしています。このような地球磁場がなぜできるのか，よくはわかっていませんが，地球内部の融けた鉄でできている中心核に流れる電流に起因するだろうと考えられています。

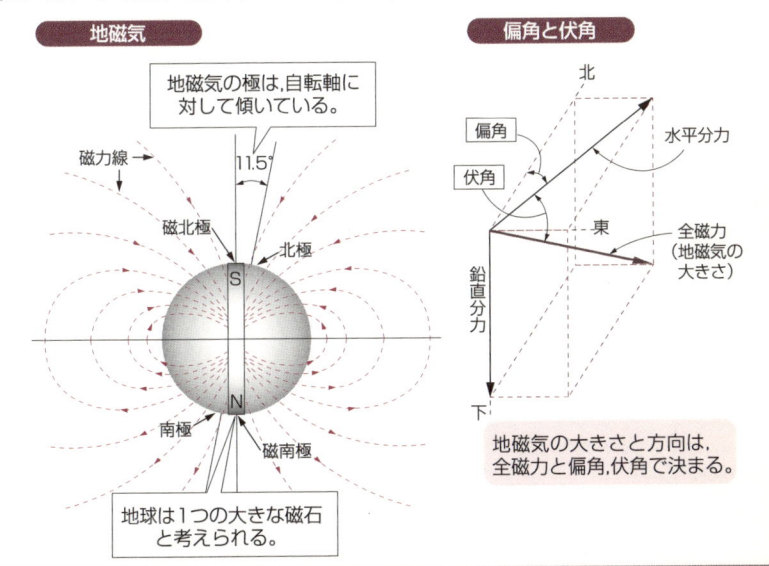

地磁気

地磁気の極は，自転軸に対して傾いている。

磁力線
磁北極
北極
11.5
S
N
南極
磁南極

地球は1つの大きな磁石と考えられる。

偏角と伏角

北
偏角
水平分力
伏角
東
全磁力（地磁気の大きさ）
鉛直分力
下

地磁気の大きさと方向は，全磁力と偏角，伏角で決まる。

175

第5章　電気ってどうしてモーターを回せるの？

電流による磁場

　磁場をつくるのは磁石だけではありません。右の図のように，導線と磁針を平行におき，その導線に電流を流すと，磁針が振れます。電流の向きを逆にすると振れる方向は逆になります。電流を止めると元の状態に戻り，電流値を増やすと振れ角が大きくなります。以上の実験から，電流によって導線のまわりに磁場ができ，それによって磁針が振れていることがわかります。どのような磁場ができているのでしょうか。

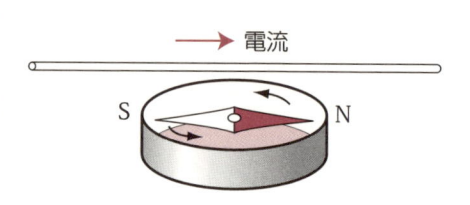

　砂鉄を使えば簡単に磁場を見ることができます。まっすぐな導線で厚紙の

直線電流のつくる磁界

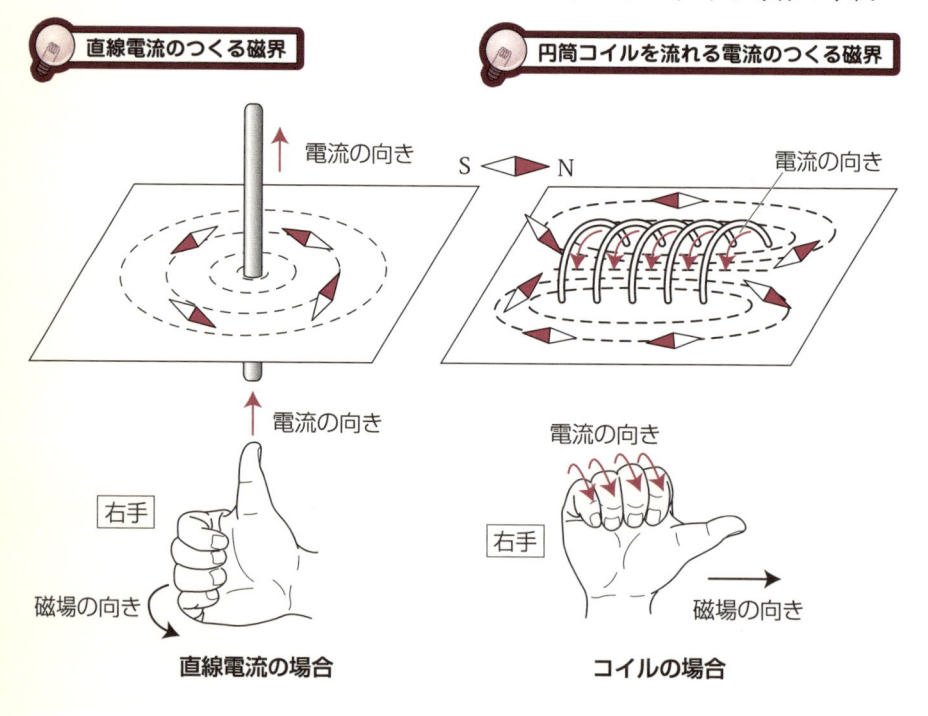

円筒コイルを流れる電流のつくる磁界

直線電流の場合

コイルの場合

第3節　電流が力を呼び，力が電流をつくる

まん中を垂直につらぬき，その厚紙の上に砂鉄をまきます。その状態で導線に電流を流すと砂鉄が導線を中心に円状に模様を描く様子を見ることができます。また，磁針をおくと磁場の方向を知ることができます。このような実験から，磁場の方向は，電流の方向を親指の向きとすると，右手をにぎる向きであり，その強さは，電流の強さに比例し，導線からの距離に反比例することがわかります。また導線を巻いたもの（**コイル**）に電流を流した場合は，その周辺に，前ページの図のような磁場ができます。コイルの中の磁場の方向は，電流の流れる向きにコイルをにぎった場合の親指の方向になります。

フレミングの左手の法則

磁針が電流から力を受けるならば，電流も磁石から力を受けるはずです。下図のように磁石の両極の間に導線をつるして電流を流すと，導線は磁場の方向とも電流の向きとも垂直な方向に移動します。電流の向きを逆にすると導線が振れる方向（力の方向）は逆になります。磁場の方向を逆にしても，やはり導線が受ける力の方向は逆になります。磁場の方向と電流の向き，力の方向は左手の指をつかって，その関係を表すことができます。左手の親指，人差し指，中指をそれぞれ伸ばし，根元が直角をつくるようにしたとき，**人差し指が磁場の方向，中指が電流の向きとすると，親指が受ける力の方向**になるのです。イギリスの**フレミング**によってこの関係が見いだされたので，この関係を**フレミングの左手の法則**と呼びます。力を F，磁場を B，電

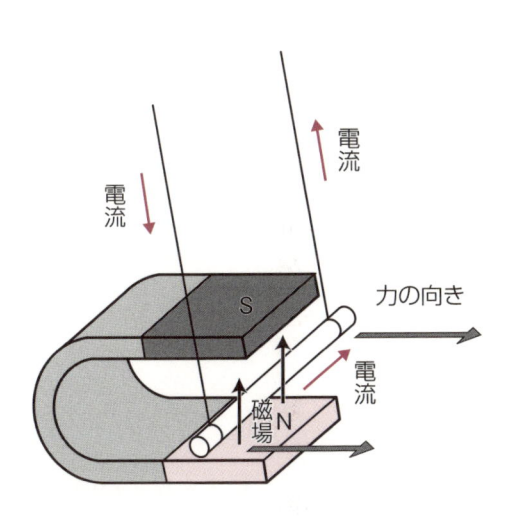

第5章　電気ってどうしてモーターを回せるの？

流をIと表すと，この左手の法則は，親指から順に**FBI**と並びます。FBI（アメリカの「連邦捜査局」）と重ねて覚えておくとよいでしょう。

💡 **フレミングの左手の法則**

磁場，電流，はたらく力が互いに垂直のとき，導線の長さをL〔m〕とすると，この導線にはたらく力F〔N〕は，

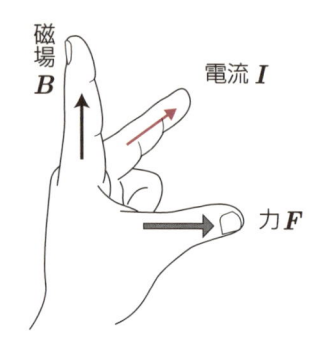

$$F = IBL \tag{34}$$

で表されます。

1 Aの電流を流したとき，1 N/mの力がはたらくような磁場の強さ（磁束密度）を1 T（テスラ）とします。磁束密度は〔G〕（ガウス）で表すこともあり，両者は

$$1〔T〕= 10,000〔G〕\tag{35}$$

で換算することができます。これらの単位を用いた例を示すと，地磁気の強さが0.4G程度，また，肩こりに貼るとよいとされる磁気治療器はおよそ1,000G = 0.1T，体内を輪切りにしてみることが可能なMRI（磁気共鳴断層撮影法）で使われる磁場がおよそ1Tとなります。

ローレンツ力とフレミングの左手の法則

ところで，電流の方向は正の電荷の流れの方向ですから，電流Iを速度vの$+q$の電荷の流れとみなします。すると，磁場Bと電荷の運動方向のなす角をθとすると，電荷が受ける力fは（次ページの図参照），

$$f = qvB\sin\theta \tag{36}$$

となります。この力は，オランダの物理学者**ローレンツ**が定式化したので，**ローレンツ力**と呼ばれています。$\theta = 90°$のとき，$\sin 90° = 1$ですから，

$$f = qvB$$

さらに，長さL〔m〕の導線にI〔A〕の電流が流れているとすると，(12)式より$q = It$，また$L = vt$だから，長さLの導線中の電荷は，

$$q = It = I\frac{L}{v}$$

となります。よって，

$$f = qvB$$
$$= \frac{IL}{v} \times vB$$
$$= IBL$$

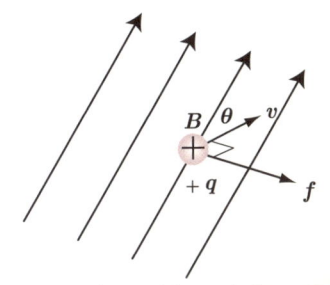

一様な磁場Bに対して角度θで運動する$+q$の電荷にはたらく力をfとすると，fはBとvがつくる平面に対して垂直で，
$$f = qvB\sin\theta$$
と表されます。

となり，(34)式と一致します。

つまり，フレミングの左手の法則はローレンツ力の特殊な場合とみなすことができます。

このことからわかるように，物理では，より基本的な物理法則がわかっていると，関連した別の法則を導くことができます。

では，ローレンツ力の応用です。次の図を見て下さい。

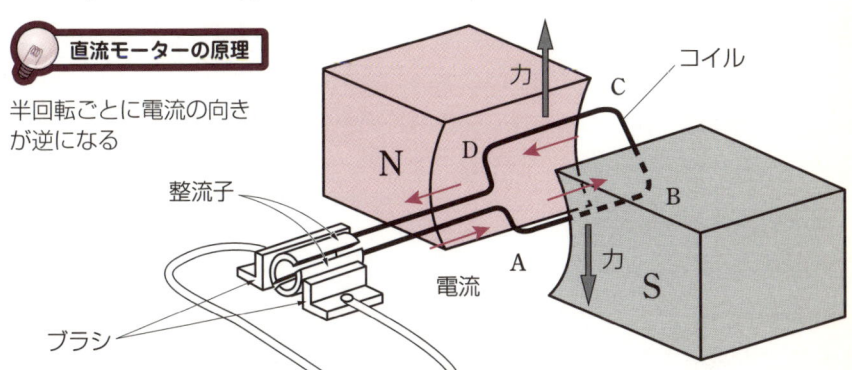

直流モーターの原理

半回転ごとに電流の向きが逆になる

179

第5章　電気ってどうしてモーターを回せるの？

　一様な磁場の中での一重のコイルを考えます。ABCDの向きに電流を流すと，フレミングの左手の法則からABの部分には下向きのローレンツ力がはたらきます。また，CDの部分はABと電流の向きが逆になるので，上向きの力がはたらきます。よって図中では右回りの回転となりますが，コイル面と磁場が垂直になる位置を通り越すと，今度は左回りの力になってしまい，回転を止めてしまいます。そこで，回転部に工夫をして，コイルが半回転して磁場と垂直になるたびに電流の向きが反対になるようにすると，同じ方向に回転を続けるように力がはたらきます。これが**直流モーターの原理**です。

電磁誘導

　電流が磁場をつくるならば，逆に磁気から電流を作ることはできないでしょうか。そう考えたのは，イギリスの**ファラデー**です。ファラデーは，下図のようにロの字型の軟鉄にコイルA，Bを巻き，A側のコイルには電池とスイッチをつけ，B側のコイルには検流計を取りつけました。A側のスイッチを入れて電流を流すと，B側にも電流が発生すると考えたのです。しかし，実験は失敗に終わりました。B側の検流計は動かなかったのです。ファラデーはがっかりしてスイッチを切りました。そのときです，切ったその瞬間に，検流計の針が振れたのです。電流が流れたのです。

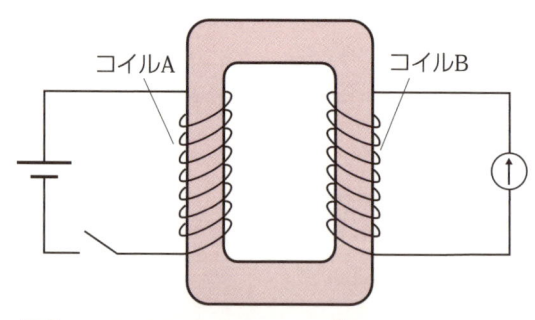

注　電気用図記号で検流計は ⊕ で表します。
また，現在の電気用図記号のスイッチは，従来の ─／─ に代わり， ─╱─ が使用されています。

　このことからファラデーは，コイルAに電流を流した瞬間と切った瞬間にコイルBにも電流が流れることを発見します。しかもスイッチをONにした

第3節　電流が力を呼び，力が電流をつくる

ときとOFFにしたときとでは，コイルBに流れる電流の向きは逆であることもわかりました。

さらにファラデーは，現象の本質を見抜くために実験装置を簡略化して，コイルの中心で棒磁石を出し入れしてみました。すると，棒磁石をコイルに入れるときと出すときにもコイルに電流が流れることがわかりました。棒磁石をコイルに入れたままにした場合は，電流が流れませんでした。

そこで彼は，磁場の変化によって起電力が発生し，それによって電流が流れると考えたのです。このように磁場の変化で発生する起電力を**誘導起電力**，電流を**誘導電流**，このような現象を**電磁誘導**と呼びます。

誘導起電力

誘導起電力は単位時間あたりの磁場の変化量として表されます。p.174で，磁場の大きさは，磁束Φまたは磁束密度Bで表すことができると説明しました。そこで，Δt秒間における磁束の変化を$\Delta \Phi$とすると，誘導起電力V〔V〕は，

$$V = -\frac{\Delta \Phi}{\Delta t}$$

で表すことができます。マイナス符号は変化を妨げる向き，つまり消えていく磁場を残すように起電力が生じることを表しています。図を使って説明しましょう（次ページの図参照）。

N極の棒磁石をコイルに入れると，下向きの磁束が増えます。誘導起電力はこの磁束の変化を打ち消すように生じます。つまり点線で示してある上向きの磁束をつくるような向きにコイルに電流が流れるのです。棒磁石を入れたままでは磁場の変化はないので誘導起電力は起こりません。しかし，次にN極の棒磁石をコイルから出すと，下向きの磁束が減ります。すると，減らないようにするために下向きの磁束をつくるように，コイルに電流が流れます。したがって磁石を入れるときと出すときとでは，コイルに逆向きに電流

第5章　電気ってどうしてモーターを回せるの？

が流れます（右図：N極の出し入れ）。また，磁石の極がS極の場合は，磁束の向きがN極とは逆になりますから，コイルに流れる電流の向きも逆になります（右図：S極の出し入れ）。

　一般に，ある関係をもって安定した状態がある場合，その安定状態を変化させようとすると，自然はその変化を妨げる向きにはたらく性質があります。例えば化学反応においては，平衡状態にある物質に，外部から濃度や，圧力，温度を変化させると，その影響が小さくなるように平衡が移動して，新しい平衡を保ちます。これは**ル・シャトリエの法則**として知られています。この法則の命名は，物質の平衡移動に関する法則を確立した**ル・シャトリエ**というフランスの化学者にちなんでいます。この平衡移動の法則は電磁誘導の場合も同様に考えることができ，磁場の変化を妨げる向きに電流が流れます。これはロシアの物理学者**レンツ**によって発見されました。そこで発見者にちなんで，**レンツの法則**と呼ばれています。

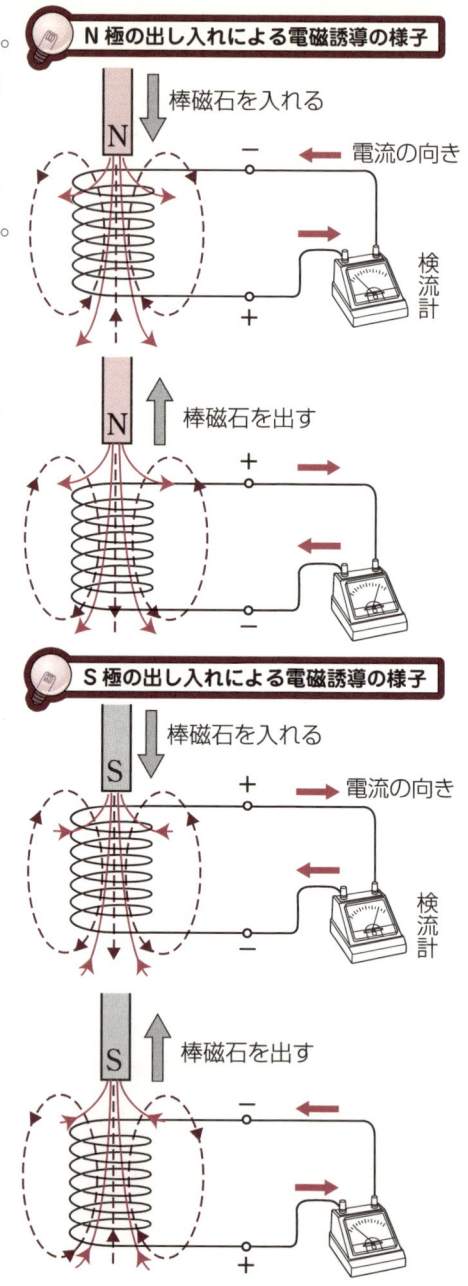

N極の出し入れによる電磁誘導の様子

棒磁石を入れる
電流の向き
検流計

棒磁石を出す

S極の出し入れによる電磁誘導の様子

棒磁石を入れる
電流の向き
検流計

棒磁石を出す

第3節　電流が力を呼び，力が電流をつくる

交流発電機の原理

　さて，ここまではコイルを固定し，磁場を意図的に変化をさせて起電力が生じる様子を見てきました。次は，一様な磁場の中でコイルを回転させる場合を考えてみましょう（次の図参照）。

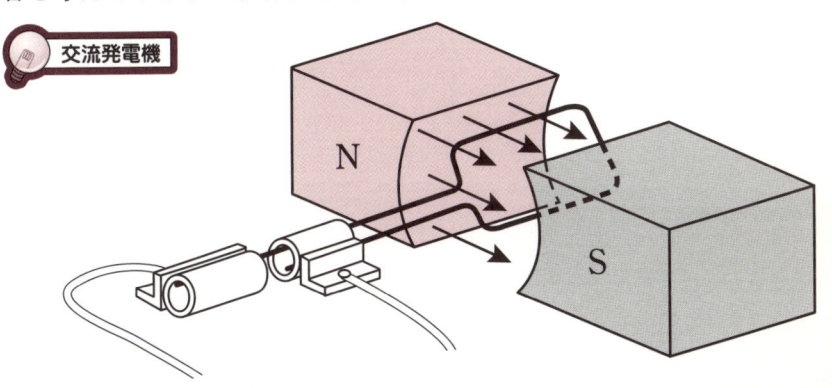

交流発電機

　コイルを回転させると，コイルをつらぬく磁力線の本数が周期的に変わります。これは結局，コイルに対して磁場が変化していることになるので，電磁誘導によってコイルに周期的な起電力が生じます（次ページの図参照）。起電力が最大になるのは，磁束の変化が最大（次ページの磁力線の本数のグラフ上で，接線の傾きが最大）になるときなので，磁場とコイル面が平行なときです。逆に，磁場とコイル面が垂直なときは，磁束の変化が０（次ページの磁力線の本数のグラフ上で，接線の傾きが０）となり，起電力がゼロになります。このようにしてコイルを回転させ続けると，プラスとマイナスの電圧を交互に生み出すことができます。これが**交流発電機の原理**です。水力発電では落下する水の力でタービン（コイル）を回し，火力発電では火力によって熱せられた蒸気の力でタービンを回しているのです。

　このように電気と磁気は，お互いに密接に関わり合いながら，現代の我々の生活において，欠くことのできない多くのものを供給してくれているのです。

第5章　電気ってどうしてモーターを回せるの？

交流発電機の原理

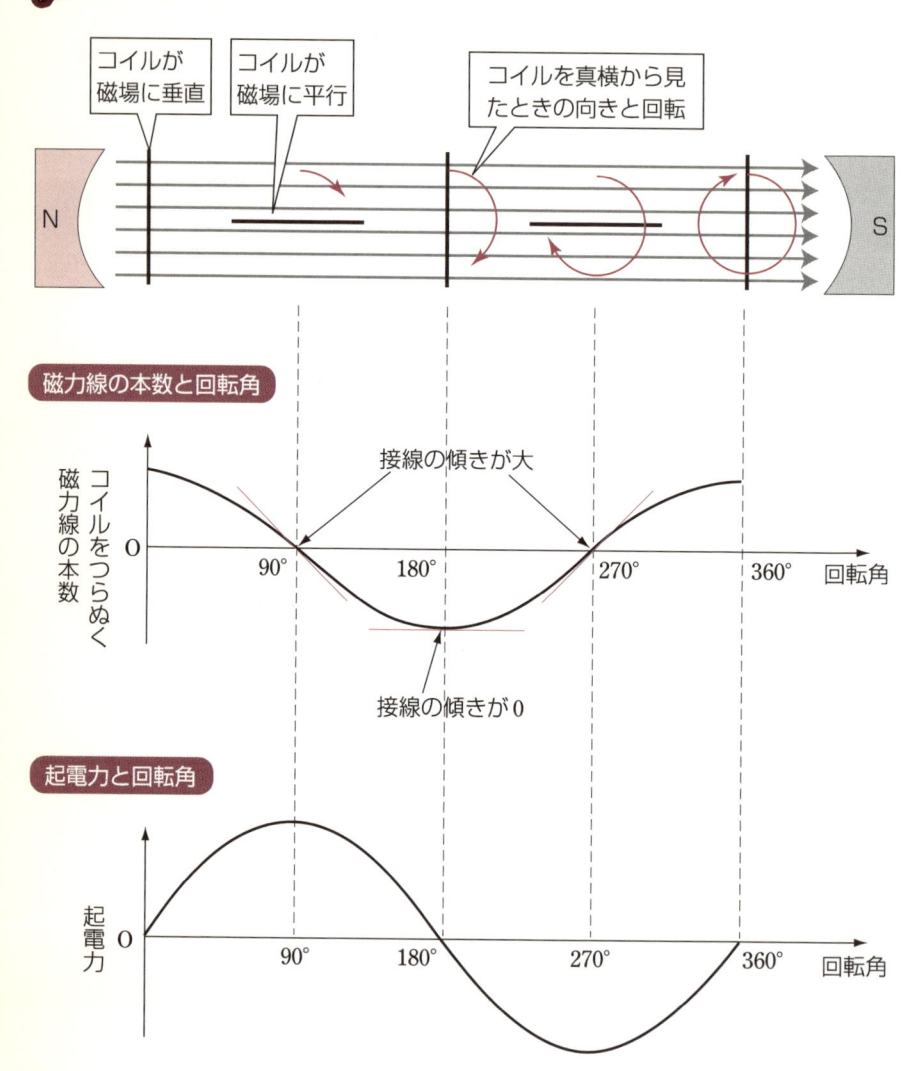

コイルが磁場に垂直
コイルが磁場に平行
コイルを真横から見たときの向きと回転

N　　　　　　　　　　　　　　　　　　　　S

磁力線の本数と回転角

接線の傾きが大

コイルをつらぬく磁力線の本数

0　　90°　180°　270°　360°　回転角

接線の傾きが0

起電力と回転角

起電力

0　　90°　180°　270°　360°　回転角

Column 送電を簡単かつ効率よく

　水力発電所や火力発電所でつくられた電気を都市部で使うためには"送電"する必要があります。しかし，抵抗のない電線はありませんから，長い送電線で電気を送ろうとすると，その間の抵抗で大量のジュール熱が発生し，電気の無駄使いが起こってしまいます。どうすれば効率よく電気を送ることができるでしょうか？

　抵抗Rで消費される電力は，2章5節より，

$$P=IV=I^2R$$

となります。つまり，電流が小さいほど，送電による損失が少ないことがわかります。同じ電力を小さい電流でまかなうためには，電圧を上げてやればよいのです。たとえば，電圧を10倍にすれば，電流は$\frac{1}{10}$になります。このとき抵抗Rで浪費される電力は$\frac{1}{100}$に抑えることができます。

　一方，直流と交流では，交流のほうが簡単に電圧を変えることができます。図のようなロの字型の鉄心に電流を流す1次コイルと電流をとり出す2次コイルを巻いたものでは，直流では2次側のコイルには電圧が発生しません。しかし，交流の場合には電磁誘導により，1次側のコイルの巻き数と電圧をN_1，V_1，2次コイルの巻き数と電圧をN_2，V_2とすると，

$$\frac{V_2}{V_1}=\frac{N_2}{N_1}$$

という関係が成り立ちます。よって，コイルの巻き数の比の分だけ高い電圧がV_2側に現れることになります。以上より，高電圧の交流での送電が，簡単かつ効率のよい方法であることがわかります。

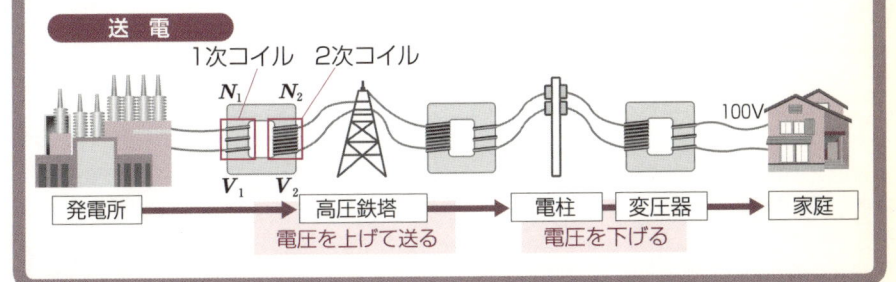

復習問題

❶ 次の回路図において，$C_1=3\mu F$，$C_2=2\mu F$，$R_1=1.2k\Omega$，$R_2=0.8k\Omega$，$V=20V$としたとき，次の各量を求めましょう。

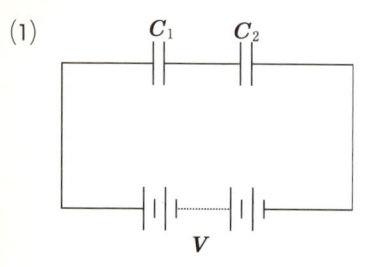

(1)

C_1，C_2の電荷はそれぞれ何C（クーロン）でしょうか。　（→p.169）

(2)

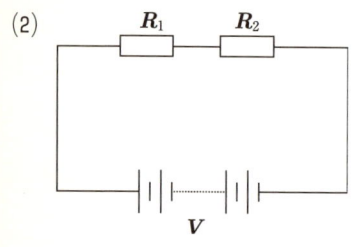

R_1，R_2にかかる電圧はそれぞれ何V（ボルト）でしょうか。　（→p.165）

(3)

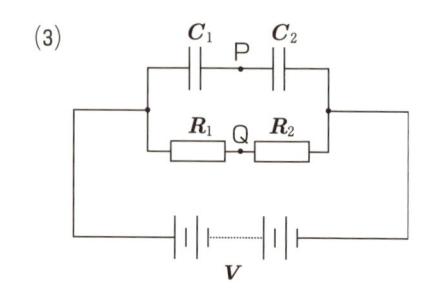

点PQ間の電位差は何Vでしょうか。　（→p.169）

❷ 次のような磁束密度Bの一様な磁場に対して垂直に，速さvで運動する，電荷$+q$，質量mの粒子を考えます。　（→p.178）

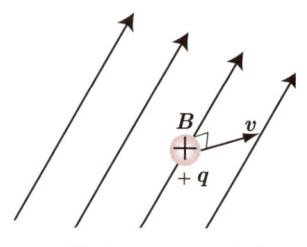

(1) この粒子にはたらく力fの大きさは何N（ニュートン）ですか。また，この力の向きも答えましょう。

(2) この粒子はどのような運動をするでしょうか。

解答例は222ページ

— 原子の構造への招待

第6章 不思議なミクロの世界の物理法則を知ろう

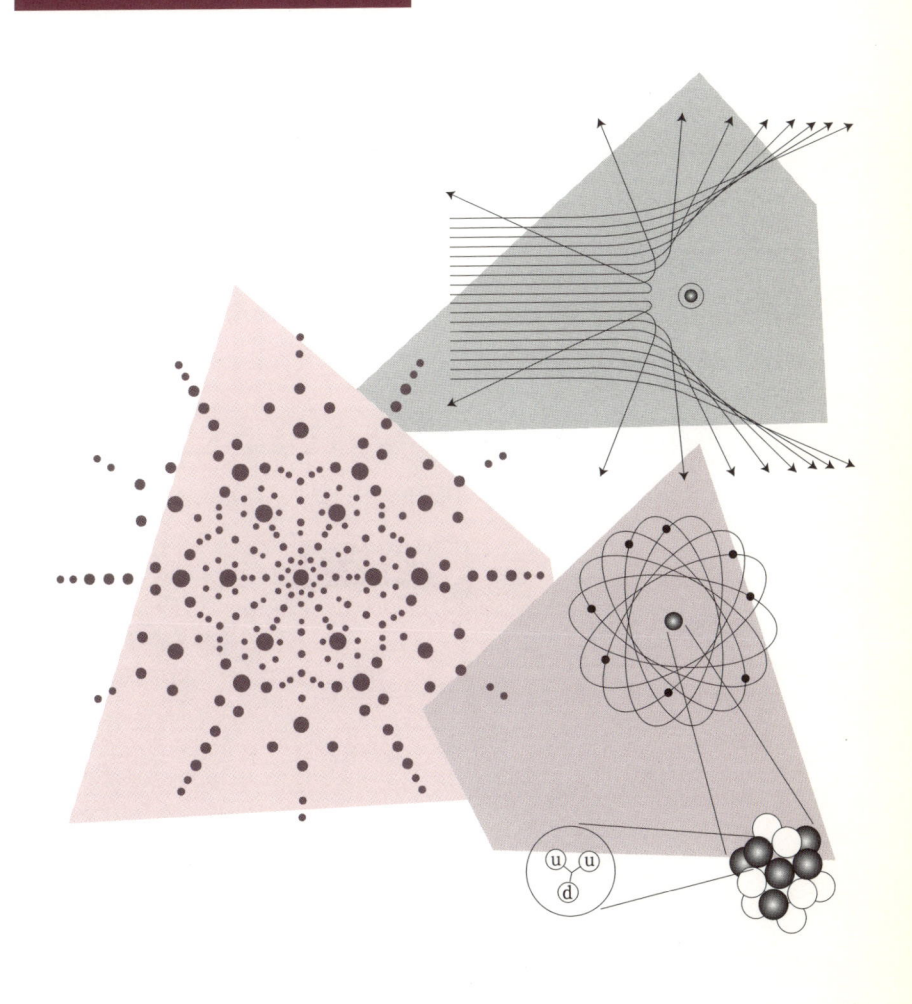

ようこそ物理室へ
ミクロの世界は二重人格

■ ミクロの世界をさぐる（？）■

　この章では，ミクロの世界の物理を考えます。別に難しいことをするわけではありません。物質を細かくきざんでいけばよいのです。やがて目に見えないぐらいの小さな破片になりますね。もうミクロの世界の入り口です。さらに分割していくと，分子（ぶんし）に行きつきます。分子はその物質の化学的性質をもつ最小単位の粒子です。

　さらにもっと細かくしていくと，原子（げんし）に行きつきます。物質は膨大な数の原子の集合体です。しかし原子も，これ以上分割不能な粒子ではありません。原子をも分割し，さらにミクロの世界に足を踏み入れると，どうなるのでしょうか。

　われわれの世界で成り立つ物理法則は，そのまま適用できるのでしょうか。それ以上分割不能な究極の粒子が存在するのでしょうか。

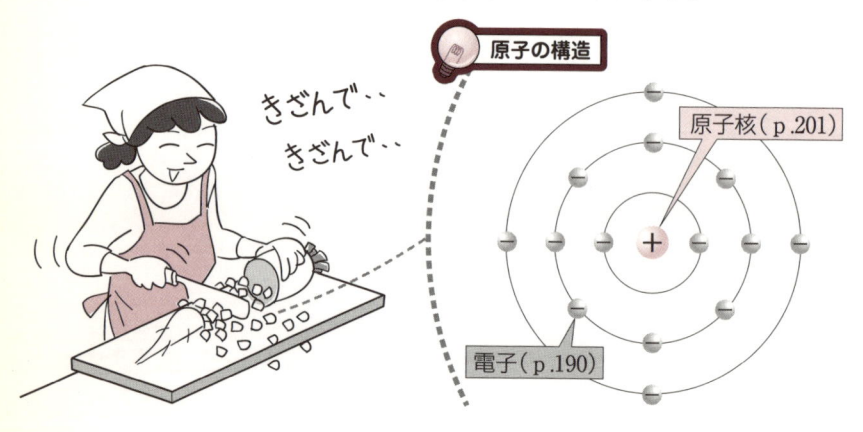

原子の構造

きざんで‥
きざんで‥

原子核（p.201）
電子（p.190）

粒子性と波動性

1 電子の発見と不思議な性質(?)

電子の発見

　ガラス管の中にプラスとマイナスの電極を用意し，真空ポンプで空気を抜いていきながら，電極の間に数kV(キロボルト)の高電圧をかけると，管内に放電が起こります。これを**真空放電**といいます。では，いったい何が放電を引き起こしているのでしょうか。

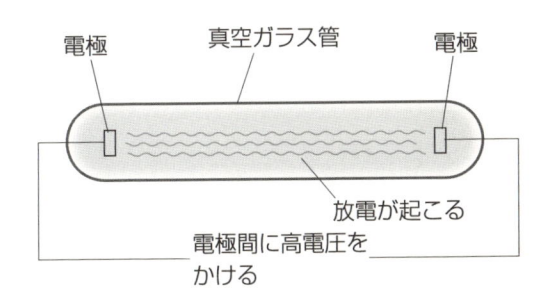

真空放電

電極　真空ガラス管　電極

放電が起こる

電極間に高電圧をかける

　次ページ上の図のように，真空のガラス管の中に十字の板をおき，電極間に高電圧をかけて真空放電を起こします。左端が－極(マイナス)の場合には，管の反対側の蛍光物質のスクリーンに拡大された十字の影ができます。左端が＋極(プラス)の場合は何も変化が起きません。このことから，－極から何かが飛び出して直進しているのではないかと考えられ，この"何か"は**陰極線**(いんきょくせん)(粒子の集まりが線のように見えていると考えられていました)と名づけられました。十字の板の部分が影になるのは，飛び出した陰極線が板にさえぎられて蛍光面に当たらないからです。

第6章 不思議なミクロの世界の物理法則を知ろう

真空放電

[左図] 蛍光面に「＋」の影が映る／−極／＋極／電極間に高電圧をかける／十字の板／真空ガラス管

極が逆

[右図] 蛍光面には何も映らない／＋極／−極／電極間に高電圧をかける／十字の板／真空ガラス管

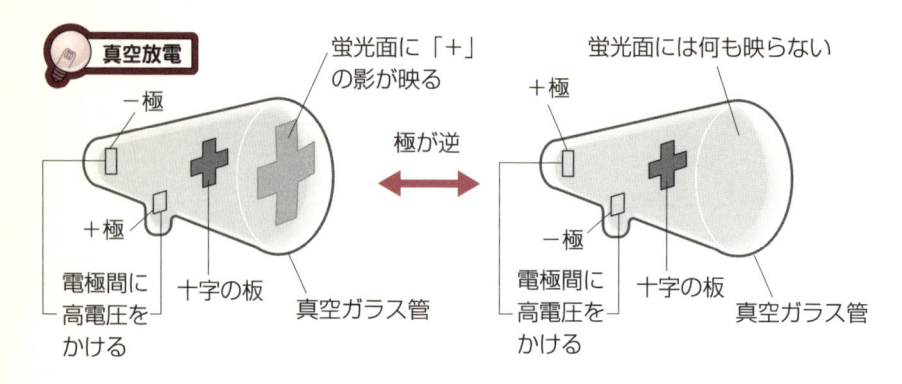

　1897年，イギリスの **J.J.トムソン** は，電場と磁場を用いて陰極線を曲げることに成功しました。下の図のように，陰極線に電場をかけると，バラけたりすることなく一様にプラス側に曲がります。陰極線の中には取り残されたり曲がりの角度が小さいものはありません。この実験事実から，陰極線は **同じ大きさのマイナスの電荷をもった粒子の集まりである** ことがわかります。電荷が大きければより強く電場の影響を受けるので，曲がる角度は大きくなります。また，質量が大きければ慣性のために曲がりにくくなります。したがって，電場や磁場の大きさを変えて曲がり具合を測定することによって，単位質量あたりの電気量，**比電荷** を求めることができます。

曲がる陰極線

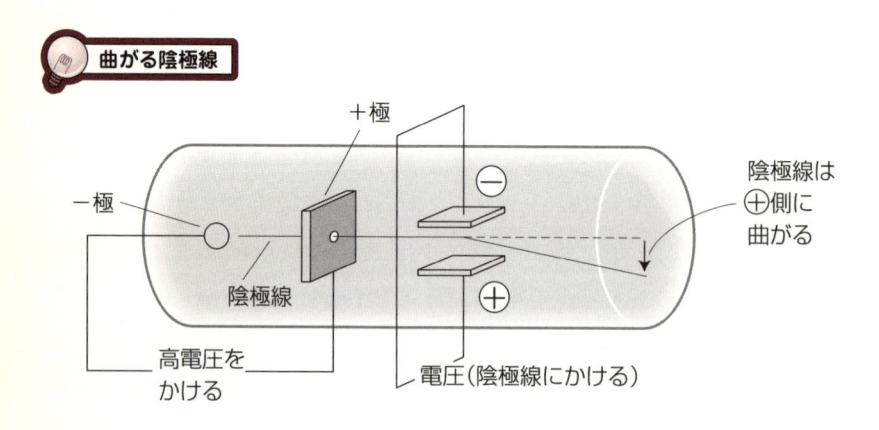

＋極／−極／陰極線／高電圧をかける／電圧（陰極線にかける）／陰極線は⊕側に曲がる

第1節　電子の発見と不思議な性質（？）

　この実験の結果からは，電極にどのような金属を使おうとも，飛び出してくる粒子の比電荷は一定の値をとることがわかりました。つまり，どの金属からも，同じ粒子が飛び出してくるのです。この**マイナスの電荷をもつ粒子は，すべての物質に含まれている**ことになります。トムソンはこの粒子を**電子**（electron）と名づけました。

　その後，アメリカの**ミリカン**によって電子の電気量が測定され，現在では，電子の電気量 e〔単位は C〕と質量 m_e は，各々

$$e = 1.6 \times 10^{-19} \text{〔C〕}$$

$$m_e = 9.1 \times 10^{-31} \text{〔kg〕}$$

と求められています。

　電子の電気量の絶対値は**電気素量**と呼ばれ，これより小さな電荷は存在しない電気量の最小単位です。すべての電気量はこの電気素量の整数倍となります。また電子はたいへん軽く，もっとも軽い原子である水素原子の質量の約1840分の1しかありません。

　これまでは原子が最も小さい物質だと考えられていましたが，このようにして原子よりも小さい粒子である電子が見つかりました。トムソンの実験から電子はすべての物質に含まれており，原子の構成要素をなしていることがわかりました。

第6章 不思議なミクロの世界の物理法則を知ろう

光電効果

　金属板に光をあてると，荷電粒子が飛び出してきます。この現象を**光電効果**といいます。電磁波の実験中に**ヘルツ**によって1887年に発見されていました。1897年にトムソンによって電子が発見されると，1900年には光電効果で飛び出す粒子の比電荷が測定され，この粒子は電子であることが確認されました（下図参照）。

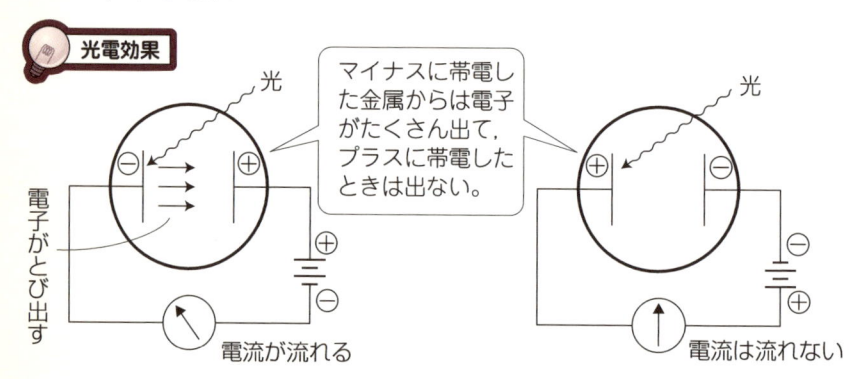

光電効果

図中の注釈：
- マイナスに帯電した金属からは電子がたくさん出て，プラスに帯電したときは出ない。
- 光／電子がとび出す／電流が流れる
- 光／電流は流れない

※①は検流計を示す電気用図記号で，電流が流れ込んだ側に，矢印の頭を向けて電流が流れたことを示します。

光電効果の特徴をまとめると，以下のようになります。

光電効果の特徴

① あてる光の振動数が，ある値（限界振動数）よりも小さい場合，どんなに強い光をあてても光電効果は起こらない。逆に限界振動数よりも高い場合は，どんなに弱い光をあてても電子が飛び出し，光電効果が起こる。

② 飛び出した電子（光電子）の運動エネルギーの最大値は，光の強さに関係なく，あてる光の振動数に依存する。

③ 光電子の個数はあてられた光の強さに比例する。

第1節　電子の発見と不思議な性質（？）

　19世紀から20世紀初めにかけて，光は波であると考えられていました。その考えにしたがうと，電子を金属表面から飛び出させるためには，振動数に関係なく波の振幅の大きい強い光（エネルギーの大きい光）のほうが，光電効果を起こしやすいことになります。しかし実験結果は，①のように予想を裏切り，光の強さに関係ないばかりか，振動数には下限があることがわかったのです。また，飛び出した電子の運動エネルギーは，光からもらったエネルギーによるはずです。もし光が波ならば，そのエネルギーはやはり光の強さに関係します。しかし，実験結果は光の強さには関係していないことを示しています。光を波と考えたのでは光電効果は説明できないのです。

　一方同じ頃，加熱された物体から放射されるエネルギーの研究をしていた物理学者たちがいました。物体の温度と放射される光のエネルギーの関係を，これまでの電磁波の理論で説明しようとしていたのです。しかし，うまくいきませんでした。そうした物理学者のひとり，ドイツの**プランク**は，1900年に次の**量子仮説**をたてました。

> **量子仮説**
> 　物質が振動数 ν の光を放射または吸収する場合には，振動数に比例した量 $h\nu$ ずつのとびとびの値をとる。

　光は $h\nu$ をひとかたまりとするエネルギーをもち，その整数倍の値しかとらないというのです。なお，比例定数 h は，

$$h = 6.6 \times 10^{-34} \ [\mathrm{J \cdot s}]$$

という値になります（h は**プランク定数**と呼ばれています）。

　これまでの理論では説明できないいくつかの物理現象と，それを説明するための仮説の提唱。新しい物理学に向けて，時代は熟してきたようです。1905年，ドイツの**アインシュタイン**は，プランクの量子仮説を一歩進めた**光量子仮説**によって光電効果を次のように説明しました。

第6章 不思議なミクロの世界の物理法則を知ろう

光量子仮説による光電効果の説明

ⓐ 光の振動数をνとしたとき，光はエネルギー$h\nu$をもった粒子と考えることができる。

ⓑ 1個の光子のエネルギー$h\nu$は，金属内の1個の電子に吸収される。

ⓒ 電子のもらったエネルギー$h\nu$が，電子が金属の中から外へ飛び出すのに必要なエネルギーWより大きい場合には，電子は運動エネルギーEをもって外に飛び出すことができる。すなわち飛び出してくる電子の運動エネルギーの最大値は，

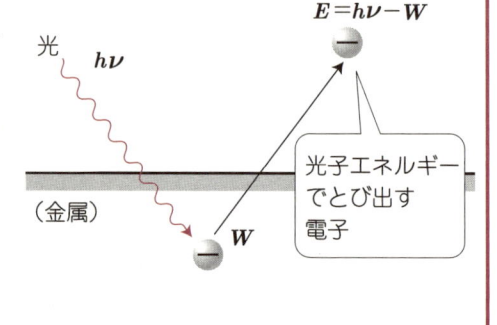

$$E = h\nu - W \qquad (1)$$

となる。

ⓐより，振動数νの光がもつエネルギーは$E=h\nu$であり，光の振動数νと波長λには$\nu=\dfrac{c}{\lambda}$（cは真空中の光速）という関係がありますから，

$$E = h\nu = \dfrac{hc}{\lambda}$$

と表すことができます。また，(1)式において，Wは電子を金属から引き離すのに必要な最小のエネルギーで**仕事関数**と呼ばれます。電子が金属内にとどまる限界は，電子の運動エネルギーが0となる場合，つまり$E=0$と考えることができます。すると，(1)式より

$$h\nu = W \qquad (2)$$

変形して，

$$\nu = \frac{W}{h}$$

となります。つまり，光の振動数 ν が，$\nu = \frac{W}{h}$ 以下の場合は電子は外に出ることができず，$\nu = \frac{W}{h}$ より大きい場合は外に出ることができます。よって，$\nu = \frac{W}{h}$ が下限の振動数で，この振動数の前後で，光電効果が起こったり起こらなかったりすることになり，①が説明できたことになります。

また，(1)式より，電子の運動エネルギーの最大値は，振動数 ν にしか依存していないことになり（h と W は定数），②を説明することができます。さらに光量子仮説の場合，光は粒子と考えられるので，光の強さは光子の個数に比例することになります。すると，光が強い場合は光子の数が多いことになり，ⓑより 1 個の光子は 1 個の電子に吸収されるので，光電子も増えることになって，③を説明することができます。

以上のように，アインシュタインの光量子仮説によって初めて，光電効果の特徴①〜③を説明することができるようになりました。しかし，光は波の特徴である回折や干渉を起こすことも事実です。このことから，光は，電磁波としての波動性と，光子としての粒子性の**二重性**をもっていることになるのです。

"二重性をもつ"と言い切ってしまうとそれまでですが，よく考えてみると，これはとても奇妙なことです。私たちの日常の中の物や現象を見渡してみても，粒子は粒子，波は波で，きちんと区別することができます。当たり前のことです。しかし光は，あるときは粒子として（光電効果），またあるときは波として（回折や干渉）振る舞うというのです。「光は粒子か波か？」と問われたら，「粒子でもあり波でもある」と答えざるを得ないのです。一般的な常識には反することなので，にわかには信じがたいのですが，実験結果がその 2 つの性質を証明しています。事実は受け入れざるを得ないのです。この不思議な世界観を受け入れることによって，また新たな物理の地平線が広がります。

X線の二重性

　光が二重性を示すならば，光と同じ電磁波であるX線も二重性を示すはずです。実際は，どうなのでしょうか？

　X線は1895年，ドイツの**レントゲン**によって，真空放電の実験中に，偶然目には見えない放射線として発見されました。この放射線は物を突き抜ける不思議な性質をもっていたので，レントゲンは"謎の"という意味で**X線**と名づけました。現在ではX線は，体内を透視撮影するいわゆるレントゲン写真として骨折の診断や歯の治療，肺の病気の診察の際などに使われています。

　1912年にドイツの**ラウエ**は，X線が波ならば，結晶の規則正しく並んだ原子によるX線の散乱光は，干渉を起こすはずだと考えました。規則正しく並んだ原子の間隔をd，X線の入射角をθとすると，強め合う条件は，光路差が波長の整数倍になればよい（第4章参照）ので，

$$2d\sin\theta = m\lambda \qquad m=1, 2, 3, \cdots \tag{3}$$

となります。これはラウエの弟子たちによって実験的に確かめられました。この散乱されたX線の斑点模様は，**ラウエ斑点**と呼ばれており，これによってX線の波動性が証明されたことになります。

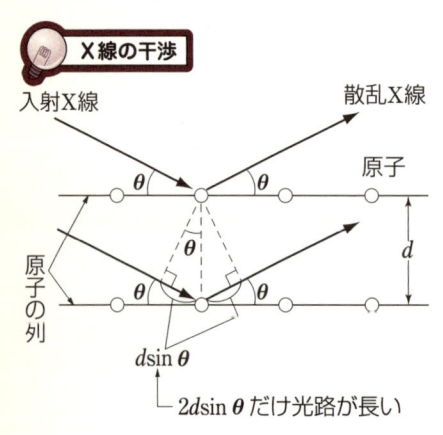

X線の干渉

入射X線　散乱X線　原子　原子の列　$d\sin\theta$　$2d\sin\theta$ だけ光路が長い

ラウエ斑点の一例

結晶の配列により，さまざまな模様ができる。

第1節 電子の発見と不思議な性質（？）

　また，このX線の干渉を逆に利用し，波長のわかったX線を物質の表面にあてることによって，結晶の原子間隔を知ることができます。つまりX線の波動性から，物質の結晶構造を調べることができるのです。

　一方，X線の粒子性は1923年，アメリカの**コンプトン**によって発見されました。現在では**コンプトン散乱**と呼ばれていますが，X線を物質にあてると，物質中の電子がX線によってはねとばされます。この際に，散乱されたX線の中に，入射したX線よりも振動数の小さな（つまりエネルギーを失った）X線が含まれていることに気がつきました。そこでコンプトンは，X線をエネルギー $E=h\nu$ と運動量 $p=\dfrac{h\nu}{c}$ をもった粒子とみなし，X線と電子の衝突を力学の弾性衝突と同様に，粒子どうしの衝突としてエネルギーと運動量の保存則を適用しました。その結果，散乱X線の波長のずれ $\Delta\lambda$ と散乱角 θ に関して，

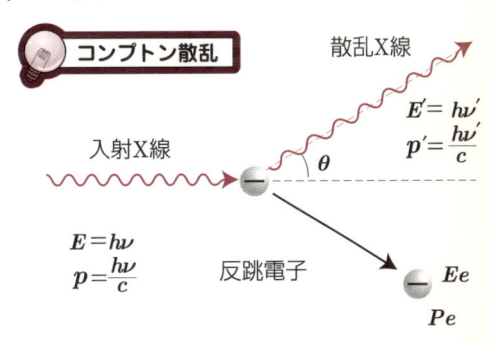

$$\Delta\lambda=\dfrac{h}{mc}\times(1-\cos\theta) \tag{4}$$

となる関係を導いたのです。これは実験結果をうまく説明しており，散乱角 θ が大きくなると，波長のずれ $\Delta\lambda$ も大きくなり，散乱角が大きいほどエネルギーを失うことがわかります。

　以上の結果からX線の粒子性も明らかとなり，X線にも光と同様に二重性が存在することが示されたことになります。これらの議論は電磁波一般でも成立するので，**電磁波の二重性**も確かなものとなりました。

第6章　不思議なミクロの世界の物理法則を知ろう

電子の二重性

　フランスの**ド・ブロイ**は，波と考えられていた光に粒子性があるのなら，粒子と考えられている物体にも，波動性があるのではないかと考えました。光子に用いられるエネルギー$E=h\nu$，運動量$p=\dfrac{h\nu}{c}=\dfrac{h}{\lambda}$を物質粒子にも応用して，物質粒子には振動数$\nu=\dfrac{E}{h}$，波長$\lambda=\dfrac{h}{p}$の波が伴っていると考えたのです。この波をド・ブロイの**物質波**といいます。

　電子の場合を考えてみましょう。電子が放出される−極（マイナス）と＋極（プラス）との間にVの電圧をかけると，電子は$-e$の電荷をもっているので，eVのエネルギーを得ます。このエネルギーは電子の運動エネルギーKになるので，電子の速度をv，質量をmとすると，$K=\dfrac{1}{2}mv^2$ (→p.73) より

$$eV=\dfrac{1}{2}\times mv^2 \tag{5}$$

と表すことができます。このときの電子の運動量pは，$p=mv$ (→p.55) より

$$p=\sqrt{2meV} \tag{6}$$

となります。とすると，電子波の波長λは，$\lambda=\dfrac{h}{p}$より

$$\lambda=\dfrac{h}{\sqrt{2meV}} \tag{7}$$

です。よって，例えば100Vで加速された電子の波長は，1.2×10^{-10}m，10,000Vの場合，1.2×10^{-11}mとなり，原子の大きさから結晶中の原子間の間隔程度になります。したがって，これぐらいの電圧で加速された電子線を結晶に入射すると，X線が干渉してラウエ斑点が観測されたのと同じように，電子波の干渉模様が見えるはずです。実際に1927年，**G.P.トムソン**によって電子波の干渉模様が撮影され，**電子の二重性**も確認されました。光だけでなく，電子も粒子性と波動性の両方の性質をもっていることが明らかにされたのです。

第1節 電子の発見と不思議な性質（?）

　これは大変重要な発見です。X線までなら二重性は電磁波特有の性質と解釈することもできました。しかし，電子にも二重性が見つかり，その波長がド・ブロイの物質波の考え方と一致したのです。つまり，粒子性と波動性の二重性は，特定の粒子のみのことではなく，すべての物質粒子にあてはまるということになるのです。とすると，あらゆる物質の基礎になる原子や電子などのミクロの世界では，私たちが日常生活を送るマクロの世界とは別の物理法則が支配していることになります。この考え方から，**量子力学**（りょうしりきがく）が構築されていくことになります。

2 原子と原子核
究極の粒子はどこにある？

原子とは？

　物質が最小の単位である**原子**（**アトム**）から構成されているという考え方はたいへん古く，紀元前500年頃に古代ギリシャにおいて**デモクリトス**が唱えています。デモクリトスはその粒子をatoma（分けられないもの）と呼びました。これがatomの語源です。デモクリトスは，この世は無限に広がる**空虚**とその中を運動する**アトム**からできていると考えましたが，その後は**アリストテレス**の"世界は連続的な物質で満たされている"とする考え方が支配的となっていきます。そのアリストテレス的な考え方も18世紀になると否定され，フランスの**ラボアジェ**は，通常の化学的手段ではそれ以上の異なる物質に分けられない要素があるとし，これを**元素**と定義しました。すべての物質はいくつかの元素の組み合わせでできていると考えたのです。

　そして19世紀末，**J.J.トムソン**が**電子**を発見します。電子は原子全体に比べてはるかに軽く，マイナスの電荷をもっています。一方原子は，電気的に中性ですから，電子のマイナス電荷を打ち消す同量のプラス電荷を原子の中にもっているはずです。プラスの電荷は原子の中でどのように分布しているのでしょうか。

　当時2つの説が考えられていました。ひとつはプラスの電荷も電子と同じように一様に広がっているとする，トムソンの**プディング模型**です。電子を種に，正電荷を果肉にたとえて**すいか型模型**といわれたり，電子をぶどうに，正電荷をパン生地にたとえて**ぶどうパン型模型**といわれたりもします。もうひとつは原子の中心に集中しているとする**核模型**です。日本の**長岡半太郎**も，

第2節　究極の粒子はどこにある？

19世紀の2種類の原子モデル説

正電荷の層

プディング模型

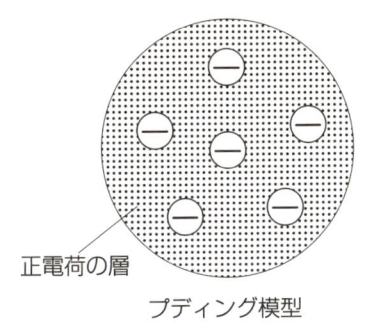

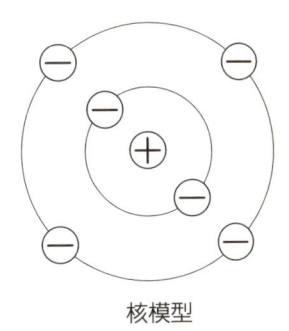

核模型

正電荷の球のまわりを電子が土星のリングのように回転しているとする，核模型と同等の**土星型模型**を提唱していました。

原子核の発見

イギリスの**ラザフォード**は，放射性物質から高速で放射されるプラスの電荷をもつ**α粒子**（アルファりゅうし）（正体はヘリウムの原子核）を，薄くのばした金箔にあてる実験を行いました。大部分のα粒子は，膜を素通りするといってもよいくらいに小さな散乱角で通過し，"鉄砲の弾丸で紙を撃った"つもりだったラザフォードでしたが，驚いたことに，中には90度以上もはね返されるα粒子がみ

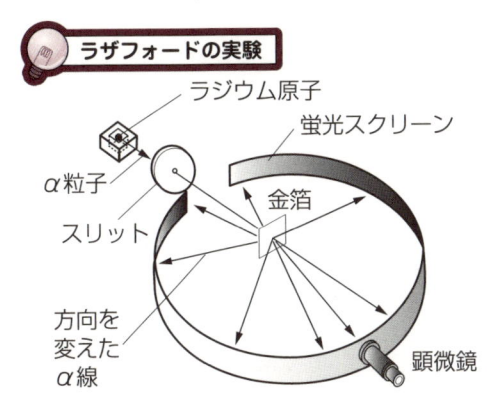

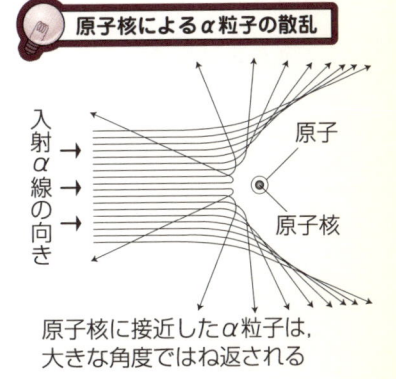

ラザフォードの実験

ラジウム原子
蛍光スクリーン
α粒子
金箔
スリット
方向を変えたα線
顕微鏡

原子核によるα粒子の散乱

入射α線の向き
原子
原子核

原子核に接近したα粒子は，大きな角度ではね返される

201

つかったのです。原子の中にプラスの電荷が一様に分布しているのなら，その電場は電子のマイナス電荷で打ち消されるので，このような極端なことは起こりえません。

ラザフォードはほとんど何もない原子内に突入したα粒子のうち，たまたま微小な正電荷のかたまりに接近したものが，非常に大きなクーロン斥力を受けて大きな角度ではね返されると考えました。詳しい実験と解析の結果，金原子の正電荷は$10^{-13} \sim 10^{-14}$m程度の領域に集中していることがわかり，これを**原子核**と名づけました。そしてマイナスの電荷をもつ電子は，原子核のまわりを**回転運動**しており，その軌道の直径は10^{-10}m程度であるとする**原子模型**を考えました。

原子の構造1 ── バルマーの実験

しかし，電磁気学によると，電荷をもった粒子が円運動をすると，その加速度運動のために電磁波を出すことがわかっています。電磁波が放出されるということは電子がエネルギーを失うことを意味しています。エネルギーを失った電子は，軌道半径が小さくなり，またそこで電磁波を放射するので，さらに軌道半径が小さくなる……を繰り返し，最終的には原子核に落ち込んでしまうことになります。これでは，原子は安定したものとして存在することができません。また原子から放出される電磁波も，電子の軌道が徐々に小さくなっていくならば，連続的な波長として観測されるはずです。

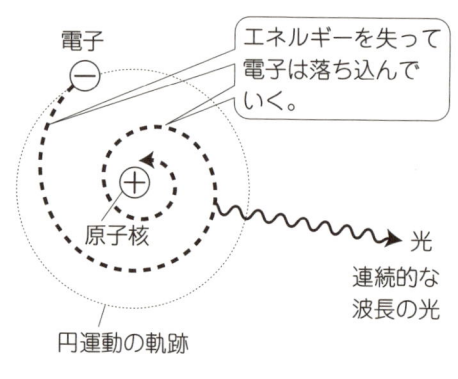

しかし，原子から出る光はとびとびの波長の光であることがわかっていました。例えば，1884年にスイスの**バルマー**は，水素原子から放出される光

の波長は，

$$\lambda = 3646 \times \frac{m^2}{(m^2-2^2)} \times 10^{-10} \,[\text{m}] \quad (m=3, 4, 5, \cdots) \quad (8)$$

という関係を満たす，とびとびの値を取ることを示しました。この式の逆数をとって整理すると，

$$\frac{1}{\lambda} = R\left(\frac{1}{2^2} - \frac{1}{m^2}\right) \quad (9)$$

となります。ただし R は定数で，**リュードベリ定数**と呼ばれています。実験から求めた結果が，ずいぶんとすっきりした式に落ち着いてしまいました。では，(9)式はいったい何を意味しているのでしょうか。

原子の構造2 ── ボーアの仮説

どうして電子は安定な状態で原子のまわりを回っていられるのか，原子から出る光はなぜとびとびの値をもつのか，この2つの問題を一気に解決すべく，デンマークの**ボーア**は原子模型に量子仮説を応用し，次の2つの仮説を立てました（p.206の図参照）。

> (a) 原子内の電子は，とびとびのエネルギー値をもつ状態にだけ安定して存在することができる。この状態（定常状態）では電磁波は発生しない。
>
> (b) 原子内の電子は，とびとびの軌道上を回っており，別のエネルギー状態に移るとき，特定の振動数をもつ光子を1個放出，または吸収する。

(a)は**量子条件**と呼ばれており，具体的には"電子の角運動量 $m_e v r$（第2章第6節参照）は，$\frac{h}{2\pi}$ の整数倍に等しい"，すなわち

$$m_e v r = n \times \frac{h}{2\pi} \quad (n=1, 2, 3, \cdots) \quad (10)$$

と表すことができます。ただし，m_e は電子の質量，r と v は原子核の回りを円運動する電子の半径（r）と速度（v），h はプランク定数（→ p.193）です。

(b)は**振動数条件**と呼ばれており，エネルギーE_mからE_n ($E_m > E_n$) へ移るときに，振動数νの光子を1個放出したとすると，

$$h\nu = E_m - E_n \tag{11}$$

となります。

原子の構造3 —— バルマーの実験結果の証明

では，ボーアの2つの条件から，バルマーの実験結果である(9)式を導いてみましょう。一見難しそうですが，たんねんに式を変形していくだけです。

原子の中で定常状態で円運動をする電子は，クーロン力$\dfrac{ke^2}{r^2}$（→p.150）と遠心力$\dfrac{m_e v^2}{r}$（→p.33）がつり合っているので，

$$\frac{ke^2}{r^2} = \frac{m_e v^2}{r} \tag{12}$$

が成り立ちます。このとき（量子数n）の原子の全エネルギーE_nは，運動エネルギー$\dfrac{1}{2}m_e v^2$と位置エネルギー$-\dfrac{ke^2}{r}$の和になるので，

$$\begin{aligned}
E_n &= \frac{1}{2}m_e v^2 - \frac{ke^2}{r} \\
&= \frac{ke^2}{2r} - \frac{ke^2}{r} \quad \left((12)\text{式より}\ m_e v^2 = \frac{ke^2}{r}\right) \\
&= -\frac{ke^2}{2r}
\end{aligned} \tag{13}$$

また，(10)式から

$$v = \frac{nh}{2\pi m_e r}$$

なので，これを(12)式に代入すると，

$$\frac{ke^2}{r^2} = \frac{n^2 h^2}{4\pi^2 m_e r^3}$$

となります。さらに整理すると、

$$r = \frac{n^2 h^2}{4\pi^2 k m_e e^2} \tag{14}$$

となります。これを(13)式に代入すると、

$$E_n = -\frac{2\pi^2 k^2 m_e e^4}{n^2 h^2} \tag{15}$$

量子数mの原子のエネルギーも同様にして、

$$E_m = -\frac{2\pi^2 k^2 m_e e^4}{n^2 h^2}$$

これらを振動数条件(11)式に代入すると、

$$h\nu = E_m - E_n$$
$$= -\frac{2\pi^2 k^2 m_e e^4}{m^2 h^2} + \frac{2\pi^2 k^2 m_e e^4}{n^2 h^2}$$
$$= \frac{2\pi^2 k^2 m_e e^4}{h^2} \times \left(\frac{1}{n^2} - \frac{1}{m^2}\right)$$

さらに$c = \nu\lambda$なので、

$$\frac{1}{\lambda} = \frac{\nu}{c}$$
$$= \frac{2\pi^2 k^2 m_e e^4}{ch^3} \times \left(\frac{1}{n^2} - \frac{1}{m^2}\right) \tag{16}$$

これを実験から導かれた(9)式と見比べると、

$$R = \frac{2\pi^2 k^2 m_e e^4}{ch^3} \tag{17}$$

さらに、$n = 2$とすれば、(9)式と一致することがわかります。量子条件と振動数条件というボーアの2つの仮定は、見事に水素原子から放出される、とびとびの波長をもった光を説明することができたのです。

ちなみに、図のように$n=2$の電子の軌道に、その外側の軌道から電子が落ちるときに放出される光の系列のことを、**バルマー系列**と呼びます。

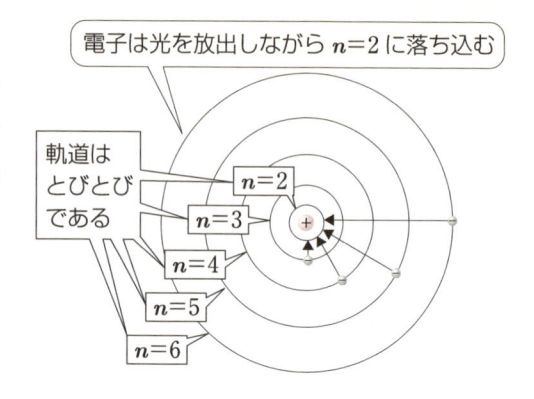

電子は光を放出しながら$n=2$に落ち込む

軌道はとびとびである

原子の構造4 ── 量子条件

では、量子条件(10)式は、何を表しているのでしょうか？

ド・ブロイの物質波 $\lambda = \dfrac{h}{p} = \dfrac{h}{mv}$（→p.198）を思い出してください。(10)式を変形し、

$$2\pi r = n \times \dfrac{h}{m_e v}$$

として、$\lambda = \dfrac{h}{m_e v}$ を代入すると、

$$2\pi r = n \times \lambda \quad (18)$$

となります。左辺は電子の円軌道の円周を表しています。つまり、電子の波長の整数倍が円周に等しくなるようなとき、原子は定常状態となるのです。"とびとびの値"とは、**波長の整数倍**を意味していたのです。

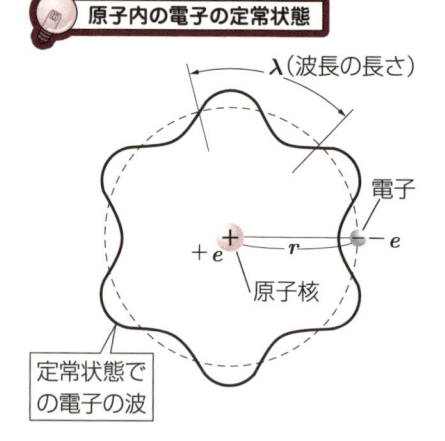

原子内の電子の定常状態

λ（波長の長さ）
電子
原子核
定常状態での電子の波

原子核の構造

さらに物質の構造を細かく見ていくことにしましょう。

原子は直径10^{-10}m程で、10^{-13}〜10^{-14}m程のプラスの電荷をもつ原子核と、

第2節 究極の粒子はどこにある？

そのまわりを回るマイナスの電荷をもつ電子からできています。また，中心の原子核は，プラスの電荷をもつ**陽子**と，電荷をもたない**中性子**とからなっています。陽子の質量m_pは

$$m_p = 1.7 \times 10^{-27} \text{ [kg]}$$

で，電子の質量の約1840倍です。中性子も陽子とほぼ同じ質量をもっており，陽子と中性子を総称して**核子**ともいいます。一般的に陽子の数をZ，中性子の数をN，その和（**核子数**）をAで表します。したがって

$$Z + N = A \tag{19}$$

の関係があり，Zは**原子番号**としても用いられています。Aは原子の質量に対応するので，**質量数**とも呼ばれ，元素の種類を表す**元素記号**では，左上に質量数Aを，左下に原子番号Zを記します。Zが同じでもNが異なる原子を**同位体**または**同位元素**（**アイソトープ**）と呼びます。

さらに陽子と中性子は，**クォーク**と呼ばれるさらに小さな粒子である**素粒子**3個から構成されています。クォークは**アップ(u)**，**ダウン(d)**，**チャーム(c)**，**ストレンジ(s)**，**トップ(t)**，**ボトム(b)**の6種類があり，陽子はアップ2個とダウン1個，中性子はアップ1個とダウン2個からできています。

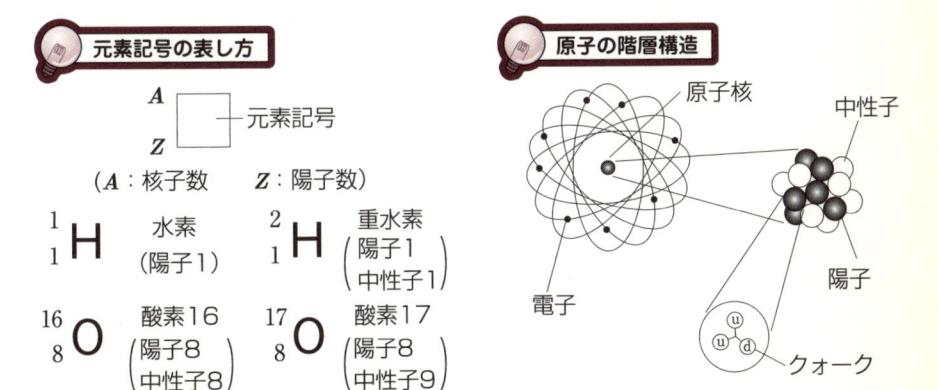

元素記号の表し方

$${}^{A}_{Z}\square \leftarrow \text{元素記号}$$

（A：核子数　Z：陽子数）

${}^{1}_{1}\text{H}$　水素（陽子1）

${}^{2}_{1}\text{H}$　重水素（陽子1，中性子1）

${}^{16}_{8}\text{O}$　酸素16（陽子8，中性子8）

${}^{17}_{8}\text{O}$　酸素17（陽子8，中性子9）

原子の階層構造

（原子核，中性子，電子，陽子，クォーク）

物質を構成する基本粒子

現代物理学の素粒子論では，物質を構成している基本となる粒子は12種類あります。そのうち6種類は先に述べた**クォーク**で，あとの6種類が**レプトン**と呼ばれる軽い粒子になります。陽子や中性子は3個のクォークから，また，核子と核子の間にはたらく力をになう素粒子(**中間子**)は，2個のクォークからできています。

クォークは質量によって2つずつのペアで，3種類に分かれます。**アップとダウンが一番軽い第1世代，チャームとストレンジが次に重い第2世代，トップとボトムが一番重い第3世代**と分類されます。

また，アップ，チャーム，トップは$+\frac{2}{3}e$の電荷を，ダウン，ストレンジ，ボトムは$-\frac{1}{3}e$の電荷をもっています。したがって，陽子はアップ2個とダウン1個でできているので，$+\frac{2}{3}e\times2-\frac{1}{3}e=+e$，中性子はアップ1個とダウン2個でできているので，$+\frac{2}{3}e-\frac{1}{3}e\times2=0$(中性)となり，陽子と中性子がほぼ同じ質量で，陽子がプラスの電荷をもち，中性子が電荷をもたないことがクォークによって説明することができます。

これらクォークは，"強い力"と呼ばれる原子核の中の狭い領域でしかはたらかない，特別な力によって結びつけられています。ちなみにクォークという名称は，モデルの提唱者の一人であるゲルマンによって，イギリスの小説家ジェームズ・ジョイスの「フィネガンズ・ウェイク」という作品中で，カモメが「クォーク」と3度鳴くシーンからつけられました。名前がつけられた1960年代は，クォークはアップ，ダウン，ストレンジの3種類と考えられていたからです。1972年には，日本人の小林誠と益川敏英によって6種類のクォーク理論が提唱され，1974年に4つめのチャームが，1977年には5つめのボトムが発見され，ついに1995年に第6番目のトップが発見されて，理論の正当性が確立されました。

一方，レプトン(軽粒子)は，ギリシア語で「軽い」を意味する素粒子で，ク

第2節　究極の粒子はどこにある？

基本粒子の構成

	第1世代	第2世代	第3世代	電荷
クォーク	アップ	チャーム	トップ	$+\frac{2}{3}e$
	ダウン	ストレンジ	ボトム	$-\frac{1}{3}e$
レプトン	電子ニュートリノ	ミューニュートリノ	タウニュートリノ	0
	電子	ミュー粒子	タウ粒子	$-e$

ォークと違って強い力を感じません。$-e$の電荷をもつ**電子**，**ミュー粒子**，**タウ粒子**と，これらと対をなす**電子ニュートリノ**，**ミューニュートリノ**，**タウニュートリノ**があります。この3つは電荷をもちません。レプトンもクォークと同様に3世代を形成していますが，これら世代は質量以外は同じ性質をもっており，どうして3つの世代を必要とするのか，また，このようなクォーク・レプトンの対称性はどのような法則にもとづくのか，いまだによくわかっていません。

　だいぶ高校の物理をはずれてきましたので，本章はこれくらいで終わりにします。
　このあとミクロの世界の物理は，**ディラック**，**シュレディンガー**，**ハイゼンベルグ**らによる**量子力学**として，また究極の物質探しは，**湯川秀樹**，**ゲルマン**らによる**素粒子論**として，さらに発展していくことになりますが，本書はここで終わりです。また，別の機会にお話しすることに致しましょう。

第6章　不思議なミクロの世界の物理法則を知ろう

Column　フラクタル

　まだ高校の物理学では扱われていませんが，1970年〜80年代に新しく提唱された分野を紹介しましょう。普通，ものの形(幾何学)は1次元(線)，2次元(面)，3次元(立体)と整数次元で考えますが，これを非整数次元に拡張した**フラクタル幾何学**という考えがあります。フラクタルとは「半端な」とか「ふぞろいな」という意味をもつ新しい言葉です。

　例えば，ガラスを粉々に割った場合を考えてみましょう。それぞれの破片の形は千差万別ですが，細かいことは気にせずに大きさで分類すると，「大きな破片は少なく，小さな破片は多い」という一定の関係があることがわかります。この関係をグラフにしてみましょう。破片の大きさを横軸に，破片の数を縦軸に取って対数のグラフをかくと，右に示されたように，右下がりの直線のグラフがかけます。

ガラスの破片の数と大きさ

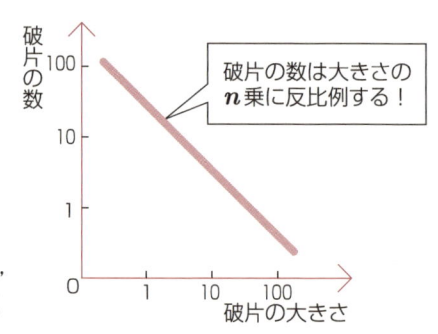

破片の数は大きさの n 乗に反比例する！

　このように，ある量(上記の場合は破片の大きさ)の n 乗に反比例する関係を**フラクタル**といい，非整数である n を**フラクタルの次元**と呼んでいます。

　フラクタル構造は自然のいたるところに見られます。例えば，木には太い幹があり，そこから大きな枝が数本に分かれ，大きな枝から小枝へ，さらに細い枝へと分かれていきます。枝分かれするにつれ，枝の長さは短くなり，枝の数は増えていきます。枝の数は枝の長さの n 乗に反比例しているのでフラクタルになっています。雷のいなびかりの枝分かれもフラクタルですし，支流から本流へと注ぐ川の流れのパターンや，大動脈から毛細血管へと細くなっていく血管のネットワークもフラクタルです。

　フラクタルは人工的にえがくこともできます。有名なのが**コッホ曲線**で，ある線分(右図の(a))の真ん中1/3を三角に折ります((b))。新たにできた線分の各々の1/3をまた三角に折り，またできた線分を三角に折るという操作を繰り返します((c)，(d))。すると雪の結晶のようなパターンができあが

第2節　究極の粒子はどこにある？

ります((e))。ちなみにコッホ曲線のフラクタルの次元は1.26です。

　これらフラクタルの特徴は"入れ子※"構造で，虫眼鏡で細部を見ても，遠ざけて大きなパターンだけを見ても，同じ図形が見えることです。星空の写真や月の表面のクレーターの写真は，どれくらいの範囲を撮影しているのかよくわからないことがあります。拡大してもしなくても，そこに映し出されるパターンが同じようなので，スケール感が感じられないのです。この自己相似性から，星の分布も月のクレーターの分布もフラクタルということになります。このようにフラクタルは，これまでは無秩序のように思われていた現象の中に，パターンを見出し，科学として取り扱うことができるようにしています。

※入れ子…同じ形をしている箱などを，大きさの順に重ねて中へ入れるようにしたもの。

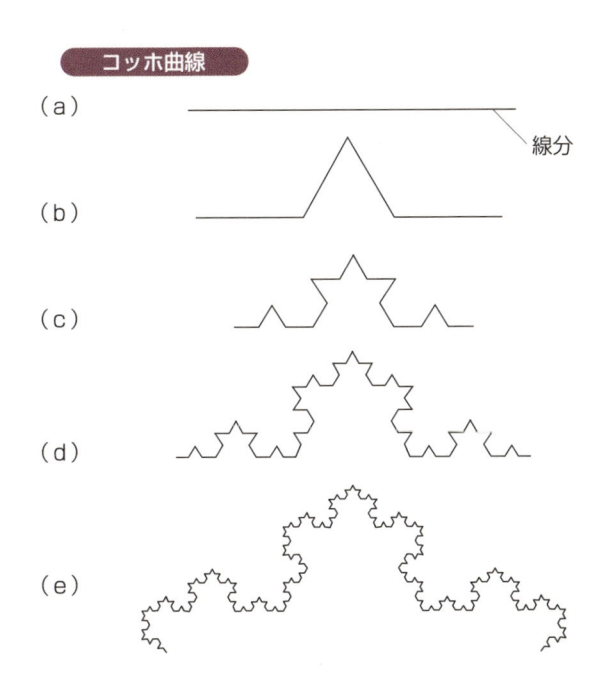

コッホ曲線

(a) ——————————— 線分

(b)

(c)

(d)

(e)

復習問題

❶ 次の文の（　）内に適当な言葉を入れましょう。　　　　（→p.192）

　金属に光を当てると，その金属から電子が飛び出します。この現象を（　　）といい，飛び出す電子を（　　）と呼びます。この場合，あてる光の波長が，物質によって決まるある波長 λ_0 よりも（　　）なければなりません。単位時間に飛び出す電子の数は光の強さに（　　）します。

❷ 下の装置の電極Aに波長 $2.0×10^{-7}$ m のある強さの光をあてたら，回路に電流が流れました。そこで電圧を大きくしていくと，$8.9×10^{-1}$ V のところで電流が流れなくなりました。次の(1)〜(3)の各値を求めましょう。

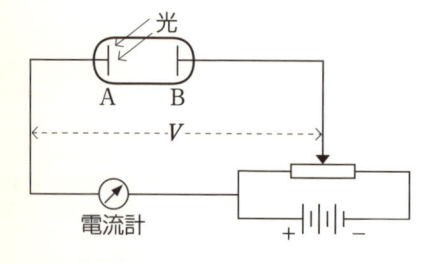

ただし，$h=6.6×10^{-34}$〔J·s〕，$c=3.0×10^8$〔m/s〕，$m=9.1×10^{-31}$〔kg〕，$e=1.6×10^{-19}$〔C〕とします。

(1) あてた光のエネルギー E はいくらでしょうか。　（→p.192）
(2) 電子が電極を飛び出すときの最大の速度 v はいくらでしょうか。　（→p.192）
(3) 電極から電子が飛び出すためには，どのような波長の光が必要でしょうか。　（→p.194）

❸ 次の文の（　）内に適当な言葉を入れましょう。　　　　（→p.207）

　原子核に含まれる（　　）と（　　）の数の和を（　　）といいます。また，Z 個の（　　）を含む原子核の電荷は $+Ze$ で，この原子の原子番号は（　　）です。例えば，酸素17の原子核は 8 個の（　　）と（　　）個の（　　）とから構成されているので，原子番号は（　　），（　　）は17です。

解答例は223ページ

キーワードさくいん

あ
アイソトープ 207
アップ（u） 207, 209
圧力 84
アトム 200
α粒子 201
暗黒物質 51

い
位置エネルギー 68, 71, 74, 92
陰極線 189

う
ウェーバー・フェヒナの法則 115
うなり 118
運動 22
運動エネルギー 68, 73, 74, 92
運動の第1法則 37
運動の第3法則 42
運動の第2法則 39
運動の法則 39
運動方程式 40
運動量 55, 69, 74, 87
運動量保存の法則 57

え
エーテル 123
s-t グラフ 23
X線 125, 196
エネルギー 68
エネルギーの質 97
エネルギーの量 97
エネルギー保存の法則 93
円運動 20
遠隔力 53, 151
円形波 110
遠心力 32
エントロピー 98, 100

エントロピー増大の法則 98

お
オームの法則 162
音の3要素 115
音の高さ 115
音の強さ 115
重さ 40
温度 77

か
回折 111, 132
回折格子 134
回転運動 202
化学エネルギー 68
角運動量 59
角運動量保存の法則 59
核子 207
核子数 207
核模型 200
可視光 125
加速スイングバイ 60
加速度 23, 38
加速度運動 23
活力 69
干渉縞 134
慣性の法則 37

き
基礎代謝量 79
気体定数 86
気体の状態方程式 86
起電力 162
基本振動 116
共振 117
共鳴 117
キルヒホッフの法則 164
近接力 53, 151

213

く

クーロン力	150
クォーク	207
屈折率	113

け

原子	77, 188, 199
原子核	201
原子番号	207
原子模型	202
元素	76, 200
元素記号	207
減速スイングバイ	61

こ

コイル	177
向心力	31
合成抵抗	165
光電効果	192
公転周期	21, 46
交流発電機の法則	183
光量子仮説	193
光路差	133
コッホ曲線	210
コペルニクス的転回	19
固有振動数	116
コリオリ力	34
コンダクタンス	163
コンデンサーの原理	166
コンプトン散乱	197

さ

作用	42
作用線	52
作用点	52
作用反作用の法則	41
三角比	28

し

磁荷	172
紫外線	125
時間の矢	99
磁気力	172
仕事関数	194
仕事当量	79
仕事の原理	67
仕事率	66, 170
磁束	174
磁束密度	174
質量	40
質量数	207
磁場	173
シャルルの法則	85
周期	107
充電	167
自由電子	153
自由落下運動	25
重力	40, 53
重力加速度	25, 48
ジュール熱	171
ジュールの法則	171
消費電力	66
初速度	24
磁力	53
真空放電	189
人工衛星	46
振動数	107
振動数条件	204
振幅	107

す

すいか型模型	200
垂直抗力	53
スイングバイ	60
ストレンジ(s)	207, 209
スペクトル	124

せ

静電気	142
静電気放電	145

静電遮蔽	156	地磁気	175
静電誘導	147	地動説	19
青方偏移	136	チャーム（c）	207, 209
赤外線	124	中間子	208
赤方偏移	136	中性子	207
摂氏	77	中和	145
絶縁体	144	超音波	115
絶対温度	85, 92	直流モーターの原理	180
絶対屈折率	129		

て

抵抗率	163
定常波	116
電圧	158
電位	157
電位差	158
電荷の流れ	161
電気	142
電気エネルギー	68
電気素量	191
電気抵抗	162
電気容量	167
電気力線	154
電気量	143
電子	143, 191, 199, 209
電子が過剰	144
電子が不足	144
電子ニュートリノ	209
電子の二重性	198
電磁波	124
電磁波の二重性	197
電磁誘導	181
天動説	19
電場	152
電波	124, 153
電場の強さ	154
電場の方向	154
電流保存	164
電力	170

セルシウス（セ氏）温度 ... 77, 86
潜熱 ... 82
全反射 ... 130

そ

速度	22
素源波	110
素粒子	207

た

ダークマター	51
第1宇宙速度	49
帯電	143
帯電した状態	144
ダイヤモンドリング	18
タウニュートリノ	209
タウ粒子	209
ダウン（d）	207, 209
縦波（粗密波）	105
谷	107
断熱圧縮	94
断熱変化	94
断熱膨張	94

ち

力の大きさ	52
力の合成	53
力の三要素	52
力の足し算（合成）	53
力の分解	53
力の向き	52

と

等圧変化	94
同位元素	207
同位体	207
等温変化	94
等加速度直線運動	24, 69
透磁率	173
等積変化	94
等速円運動	30, 46
等速度運動	23
等速直線運動	30, 36
導体	144
等電位面	160
導電率	163
土星型模型	201
トップ(t)	207, 209
ドップラー効果	120

な

内部エネルギー	92
波の重ね合わせの法則	108
波の干渉	109
波の屈折	111
波の独立性	108
波の反射	111

に

二重性	195
入射角	111, 129
入射波	112

ね

音色	115
熱	77, 171
熱エネルギー	68
熱機関	95
熱振動	171
熱素	76
熱力学の第1法則	93
熱力学の第2法則	97
熱量	80

は

場	152
媒質	104
波長	106
波面	110
腹	109
バルマー系列	206
反作用	42
反射角	111, 129
反射の法則	111
反射波	112
万有引力の法則	44

ひ

光エネルギー	68
光ファイバー	132
比電荷	190
比熱	80

ふ

v–t グラフ	23
フーコーの振り子	35
フーリエ変換	107
不可逆変化	98
伏角	175
節	109
物質量	86
沸点	77, 82
プディング模型	200
不導体	144
ぶどうパン型模型	200
不変量	166
フライバイ	60
フラクタル	210
フラクタル幾何学	210
フラクタルの次元	210
プランク定数	193
フレミングの左手の法則	177

分極	147
分子	77, 188
分子の熱運動	77

へ

平面波	110
ベクトル	52
偏角	175
偏光	138

ほ

ホイヘンスの原理	111
ボイル・シャルルの法則	86
ボイルの法則	84
放電	167
放物運動	27
包絡面	110
保存	97
ボトム (b)	207, 209

ま

マイクロ波	124
摩擦電気系列	144
摩擦力	53, 75

み

水の状態変化	82
ミューニュートリノ	209
ミュー粒子	209

む

無重量状態	33

や

山	106

ゆ

融点	77, 82
誘電率	168
誘導起電力	181
誘導電流	181

よ

陽子	207
横波	105

ら

ラウエ斑点	196

り

力学的エネルギー	75, 93
力学的エネルギー保存の法則	75
力積	56, 74, 87
リュードベリ定数	203
量子仮説	193
量子条件	203
量子力学	199
臨界角	130

る

ル・シャトリエの法則	182

れ

劣化	97
レプトン	208
レンツの法則	182

ろ

ローレンツ力	178

わ

惑星	19, 50

人名さくいん

あ行
- アインシュタイン 193
- アリストテレス 200
- エルンスト・ジーメンス 163

か行
- ガリレオ・ガリレイ 36, 126
- キャベンディッシュ 45
- クーロン 149
- ゲオルグ・オーム 162
- ケプラー 20, 36, 44
- コペルニクス 19
- コンプトン 143, 197

さ行
- シャルル 85
- ジュール 78, 171
- G. P. トムソン 198
- J. J. トムソン 143, 190, 200

た行
- デカルト 69
- デモクリトス 200
- デュ・フェイ 143
- ド・ブロイ 198

な行
- 長岡半太郎 200
- ニュートン 38, 44

は行
- バルマー 202
- ファラデー 180
- フィゾー 126
- フーコー 128
- プランク 193
- フランクリン 143
- フレミング 177
- ヘルツ 192
- ホイヘンス 110
- ボイル 84
- ボーア 203

ま行
- マイケルソン 123
- マックスウェル 124
- ミリカン 191
- モーレー 123

ら行
- ライプニッツ 69
- ラウエ 196
- ラザフォード 201
- ラボアジェ 200
- ランフォード 76
- ル・シャトリエ 182
- レーマー 126
- レンツ 182
- レントゲン 196
- ローレンツ 178

◆ ◆ ◆ 本書で使用している物理量と単位 ◆ ◆ ◆

物理量	主な量記号	単位の名称	単位の記号
時間	t, T	秒	s
長さ	s, h, x, r, R, L, d, l	メートル	m
波長	λ	メートル	m
重さ	m, M	キログラム	kg
電流	I	アンペア	A
温度	t, T	セルシウス度 ケルビン	℃ K
物質量	n	モル	mol
角度	θ	度 ラジアン	° rad
振動数, 周波数	f, ν	ヘルツ	Hz
力	F, T	ニュートン	N
運動量	p	キログラムメートル毎秒	kg・m/s
圧力	P	パスカル	Pa
エネルギー	u, U, K	ジュール	J
仕事	w, W	ジュール	J
熱量	q, Q	ジュール	J
仕事率	P	ワット	W
電気量, 電荷	q, Q	クーロン	C
電圧, 電位	V	ボルト	V
電気容量	C	ファラド	F
電気抵抗	R	オーム	Ω
磁束	Φ	ウェーバ	Wb

物理量	主な量記号	単位の名称	単位の記号
磁束密度	B	テスラ ガウス	T G
面積	S	平方メートル	m^2
体積	V	立方メートル	m^3
速度	v	メートル毎秒 キロメートル毎時	m/s km/h
加速度	a	メートル毎秒毎秒	m/s^2
角運動量	ω	ラジアン毎秒	rad/s
比熱	c	ジュール毎キログラム毎ケルビン	J/kg・K
電場の強さ	E	ニュートン毎クーロン ボルト毎メートル	N/C V/m
抵抗率	ρ	オームメートル	Ωm

◆◆◆ 本書で使用している物理定数 ◆◆◆

名称	記号	数値	単位
真空中の光速	c	3.00×10^8	m/s
重力加速度	g	9.8	m/s^2
万有引力定数	G	6.67×10^{-11}	$N \cdot m^2/kg^2$
プランク定数	h	6.63×10^{-34}	J・s
電子の電気量	e	1.60×10^{-19}	C
電子の質量	m_e	9.11×10^{-31}	kg
リュードベリ定数	R	1.10×10^7	m^{-1}
アボガドロ定数	N	6.02×10^{23}	個/mol
気体定数	R	8.31	J/mol・K

◆◆◆ 復習問題の解答例 ◆◆◆

第2章(62ページ)

❶ (1) 24時間で半径6400kmを1周するので，$T = 24$[h]，$r = 6400$[km] を，p.30 の (21) 式 $T = \frac{2\pi r}{v}$ に代入すると，

$$24 = \frac{2 \times 3.14 \times 6400}{v} \text{ より，} v ≒ 1670 \text{[km/h]}$$

(2) まず，北緯35度における回転半径を求める必要があり，右図のように，cosを使用して求めることができる(p.28参照)。

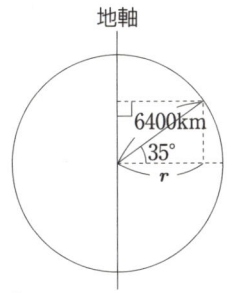

よって，$\cos 35° = \frac{r}{6400}$

$r = 6400 \times 0.8192 ≒ 5240$[km]

$T = \frac{2\pi r}{v}$ に代入して計算すると，

$v ≒ 1370$[km/h]

ちなみに1370km/h ≒ 381m/sなので，空気中の音速340m/sより速いスピードで回転していることとなる。

(3) $T = \frac{2\pi r}{v}$ に $r = 1.5 \times 10^8$[km]，$T = 365$[日]
$= 365 \times 24 = 8760$[h] を代入して計算すると，1.08×10^5[km/h] $= 108000$[km/h]

❷ ボールの描く軌道は，p.29 の (16) 式 $h = v_0 t \sin\theta - \frac{1}{2}gt^2$ と (17) 式 $x = v_0 t \cos\theta$ から求めることができる。
的までの水平方向の距離をxとし，t秒後に落下中の的に当たったとすると，右図より $x = v_0 t \cos\theta$
よって，的が置いてあった高さをh_0とすると，

$\tan\theta = \frac{h_0}{x} = \frac{h_0}{v_0 t \cos\theta}$

よって $\frac{\sin\theta}{\cos\theta} = \frac{h_0}{v_0 t \cos\theta}$ (p.29参照)

$\cos\theta$を消すと，$v_0 t \sin\theta = h_0$

これを(16)式に代入すると，$h = h_0 - \frac{1}{2}gt^2$

これに，$h = 1.8$，$g = 9.8$，$t = 0.5$ を代入すると，$1.8 = h_0 - \frac{1}{2} \times 9.8 \times 0.5^2$　$h_0 ≒ 3.0$[m]

よって，的は3.0mの高さに置いてあった。

❸ 公転周期と公転軌道半径との関係は p.46 の (34) 式 $T^2 = \frac{4\pi^2}{GM}r^3$ で表されるので，この式のrが地球の中心から衛星までの距離となる。

$r^3 = \frac{GMT^2}{4\pi^2} = \frac{6.67 \times 10^{-11} \times 6.0 \times 10^{24} \times (24 \times 3600)^2}{4 \times 3.14^2}$
$≒ 75.7 \times 10^{21}$

よって　$r = 4.2 \times 10^7$[m] $= 4.2 \times 10^4$[km]
また，地球の半径は 0.64×10^4[km] なので，静止衛星の軌道の高さは，地表より 3.6×10^4[km] (3万6000km)となる。

第3章(102ページ)

❶ (1) 最下点でのカートの速度をvとすると，力学的エネルギー保存の法則より，p.71 の位置エネルギーの (9) 式 $U = mgh$ と，p.73 の運動エネルギーの (12) 式 $K = \frac{1}{2}mv^2$ を用いて，$U = K$ となればよい。

よって，$400 \times 9.8 \times 10 = \frac{1}{2} \times 400 \times v^2$

$v = 14$[m/s]

(2) $U + K = $力学的エネルギー　なので，最高点における位置エネルギーの大きさ(=力学的エネルギーの大きさ)と5mの場所における位置エネルギーと運動エネルギーの和が等しくなる。よって

221

$$400 \times 9.8 \times 10 = 400 \times 9.8 \times 5 + \frac{1}{2} \times 400 \times v^2$$

$v = 9.9$ [m/s]

❷ (1) ピストンが固定されていないので、圧力Pは一定である。また、ボイル・シャルルの法則より $\frac{PV}{T}$＝一定(p.86の(18)式)

なので、問題文より $\frac{V_1}{T_1} = \frac{V_2}{T_2}$ とおける。

よって $\frac{1}{200} = \frac{V_2}{400}$　$V_2 = 2$ [m³]

(2) ピストンが固定されているので、体積Vは一定である。また、ボイル・シャルルの法則より $\frac{PV}{T}$＝一定 なので、

問題文より $\frac{P_1}{T_1} = \frac{P_2}{T_2}$ とおける。

よって $\frac{1}{400} = \frac{P_2}{800}$　$P_2 = 2$ [気圧]

❸ p.81の(14)式　$Q = mcT$ と、p.96の

$e = \frac{Q - Q'}{Q}$ を用いて求める。

Tを絶対温度で表した高温の熱源の温度、tを絶対温度で表した低温の熱源の温度とすると、

$$e = \frac{Q - Q'}{Q} = \frac{mcT - mct}{mcT} = \frac{T - t}{T}$$

$$= \frac{(600 + 273) - (20 + 273)}{600 + 273} \fallingdotseq 0.66$$

よって、熱効率は66％となる。

第4章(140ページ)

❶ p.107の(1)式　$v = f\lambda$ より、
$340 = 10\lambda$　$\lambda = 34$ [m]

❷ (1) 振動数が少なくなっているので、遠ざかっている。

(2) p.121の(15)式 $f = \frac{V}{V + v_S} \times f_0$ より、

$416 = \frac{340}{340 + v_S} \times 440$

$v_S = 20$ [m/s] $= 72$ [km/h]

❸ (1) p.134の(25)式 $d \times \frac{x}{L} = m\lambda$ より、

ここでは$d = 0.7$ [mm]、$x = 1.5$ [mm]、

$L = 1500$ [mm]、$m = 1$ なので、

$0.7 \times \frac{1.5}{1500} = \lambda$　$\lambda = 0.0007$ [mm] $= 0.7$ [μm]

よって、入射光は波長$0.7 \mu m$の赤色の光となる。

(2) $d \times \frac{x}{L} = m\lambda$ より、

$$x = \frac{m\lambda L}{d} = \frac{1500 \times 0.00047}{0.7} \fallingdotseq 1.0 \text{[mm]}$$

また、$x = \frac{m\lambda L}{d}$ より干渉縞の幅は、波長に比例して広くなったり狭くなったりすることがわかるので、波長$0.7\mu m$のときの干渉縞の幅が1.5mmならば、$1.5 \times \frac{0.47}{0.7} \fallingdotseq 1.0$ [mm]

と求めることもできる。

第5章(186ページ)

❶ (1) C_1、C_2の両極間の電位差をV_1、V_2、たまった電荷をQ_1、Q_2、合成容量をCとすると

$Q = Q_1 = Q_2$(p.169の(26)式)

$\frac{1}{C} = \frac{1}{C_1} + \frac{1}{C_2} = \frac{C_2 + C_1}{C_1 C_2}$ (p.170の(27)式)

また$Q = CV$(p.167の(21)式)なので、

$$V_1 = \frac{Q_1}{C_1} = \frac{Q}{C_1} = \frac{CV}{C_1} = \frac{C_1 C_2 V}{C_1(C_1 + C_2)} = \frac{C_2}{C_1 + C_2}V$$

$$= \frac{2}{3 + 2} \times 20 = 8 \text{[V]}$$

$$V_2 = \frac{Q_2}{C_2} = \frac{Q}{C_2} = \frac{CV}{C_2} = \frac{C_1 C_2 V}{C_2(C_1 + C_2)} = \frac{C_1}{C_1 + C_2}V$$

$$= \frac{3}{3 + 2} \times 20 = 12 \text{[V]}$$

$Q_1 = C_1 V_1 = 3 \times 8 = 24 \times 10^{-6}$ [C]
$Q_2 = C_2 V_2 = 2 \times 12 = 24 \times 10^{-6}$ [C]

(2) R_1、R_2それぞれにかかる電圧をV_1、V_2、流れる電流をI、合成抵抗をRとすると、
$R = R_1 + R_2$　$V = IR$

よって、$V_1 = IR_1 = \frac{R_1}{R}V = \frac{1.2}{1.2 + 0.8} \times 20 = 12$ [V]

$V_2 = IR_2 = \frac{R_2}{R}V = \frac{0.8}{1.2 + 0.8} \times 20 = 8$ [V]

(3) 並列のときは、両端間にかかる電圧は変

わらないので，(1)，(2)のような独立な回路として考えることができる。
よって各点の電位を図中に書き加えると次のようになる。

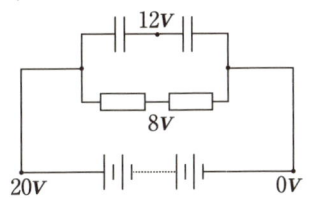

```
       12V
    ┌──┤├──┐
    │       │
    ├─[ ]─[ ]─┤
    │   8V    │
    │         │
   20V       0V
    ├──┤├──┤
```

よって，点PQ間の電位差は，$12-8=4$〔V〕

❷ (1) p.178の(36)式 $f=qvB\sin\theta$ より，磁場Bと電荷の運動方向は垂直だから，
$\sin\theta=1$ よって，$f=qvB$〔N〕
この力は磁場と運動方向とに垂直な向きにはたらく。

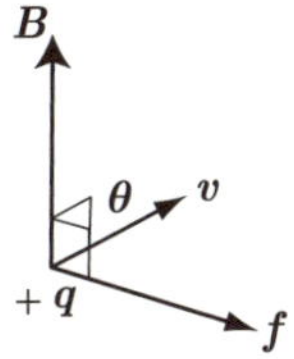

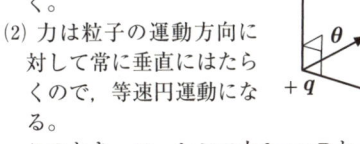

(2) 力は粒子の運動方向に対して常に垂直にはたらくので，等速円運動になる。

このとき，ローレンツ力$f=qvB$と遠心力$f=\dfrac{mv^2}{r}$がつり合うので$qvB=\dfrac{mv^2}{r}$
よって，$r=\dfrac{mv}{qB}$ したがって，半径$\dfrac{mv}{qB}$
の等速円運動になる。

第6章(212ページ)

❶ 光電効果，光電子，短く(小さく)，比例

❷ (1) $E=h\nu=\dfrac{hc}{\lambda}=\dfrac{6.6\times10^{-34}\times3.0\times10^8}{2.0\times10^{-7}}$
$=9.9\times10^{-19}$〔J〕

(2) 8.9×10^{-1}Vの電圧は，最大の速度をもった光電子が電極Bに到着するのをさまたげる電圧だから，そのエネルギーよりp.198の(5)式 $\dfrac{1}{2}mv^2=eV$ を用いて，
$v=\sqrt{\dfrac{2eV}{m}}=\sqrt{\dfrac{2\times1.6\times10^{-19}\times8.9\times10^{-1}}{9.1\times10^{-31}}}$
$=5.6\times10^5$〔m/s〕

(3) 仕事関数をW，飛び出してくる電子の最大エネルギーをEとすると，p.194の(1)式より$E=h\nu-W$だから，
$W=h\nu-E=h\nu-eV$
$=9.9\times10^{-19}-1.6\times10^{-19}\times8.9\times10^{-1}$
$=8.5\times10^{-19}$〔J〕

よって，$\lambda_0=\dfrac{hc}{W}=\dfrac{6.6\times10^{-34}\times3.0\times10^8}{8.5\times10^{-19}}$
$=2.3\times10^{-7}$〔m〕
0.23μm以下の波長の光が必要

❸ 陽子，中性子，質量数，陽子，Z，陽子，9，中性子，8，質量数

■ 参考文献 ■

● 『ファインマン物理学』 ファインマン・レイトン・サンズ 著 岩波書店
● 『物理の小事典』 小島昌夫・鈴木皇 著 岩波ジュニア新書
● 『新しい科学の教科書Ⅲ』 執筆代表 左巻健男 文一総合出版
● 『新編 物理Ⅰ』 東京書籍
● 『忘れてしまった高校の物理を復習する本』 為近和彦 著 中経出版
● 『物理はこんなに面白い』 原康夫 著 日本経済新聞社
● 『エスカルゴ・サイエンス 物理超入門』 山田弘 著 日本実業出版社
● 『物理なぜなぜ事典』 江沢洋・東京物理サークル 編著 日本評論社
● 『入門ビジュアルサイエンス 物理のしくみ』 小暮陽三 著 日本実業出版社
● 『ゆらぎの不思議な物語』 佐治晴夫 著 ＰＨＰ研究所
● 『宇宙は卵から生まれた』 池内了 著 大修館書店
● 『歴史をかえた物理実験』 霜田光一 著 パリティ編集委員会 編 丸善

●著者
野田 学（のだ まなぶ）
1962年愛知県生まれ。名古屋市科学館学芸課主任学芸員。1986年京都大学理学部卒業。名古屋大学大学院にて宇宙物理学を専攻し，飛翔体を使った近赤外宇宙背景放射の観測により1992年1月博士（理学）取得。名古屋市工業研究所研究員を経て，1997年より現職。天文および科学教育の普及・啓発と天文研究の二足のわらじで奮闘中。

●編集協力………株式会社エディット 藤原辰也
●本文デザイン…株式会社エディット
●イラスト………有限会社熊アート
●編集担当………ナツメ出版企画株式会社 山路和彦

ナツメ社の書籍・雑誌は，書店または
小社ホームページでお買い求めください。
http://www.natsume.co.jp

やりなおし高校の物理

2005年2月8日 初版発行

著 者	野田 学	© Manabu Noda, 2005
発行者	田村正隆	

発行所　株式会社ナツメ社
　　　　東京都千代田区神田神保町1-52　加州ビル2F（〒101-0051）
　　　　電話03(3291)1257(代表)／FAX03(3291)5761
　　　　振替00130-1-58661

制 作　ナツメ出版企画株式会社
　　　　東京都千代田区神田神保町1-52　加州ビル3F（〒101-0051）
　　　　電話03(3295)3921

印刷所　ラン印刷社

ISBN4-8163-3844-6　　　　　　　　　　　　　　　　Printed in Japan
〈定価はカバーに表示してあります〉
〈落丁・乱丁本はお取り替えします〉

本書の一部または全部を著作権法で定められている範囲を超え，ナツメ出版企画株式会社に無断で複写，複製，データファイル化することを禁じます。